科學天地 510 World of Science

觀念地球科學 4

天氣・天文

FOUNDATIONS OF EARTH SCIENCE

6th Edition

by Frederick K. Lutgens Edward J. Tarbuck Dennis Tasa

呂特根、塔布克／著 塔沙／繪圖 范賢娟、黃靜雅／譯

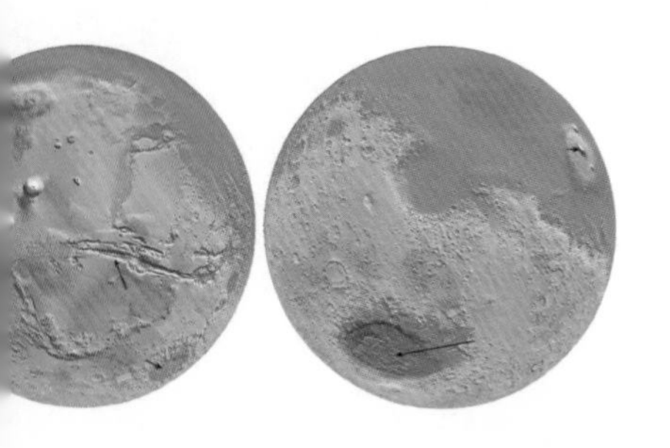

觀念地球科學 4 天氣・天文

目錄

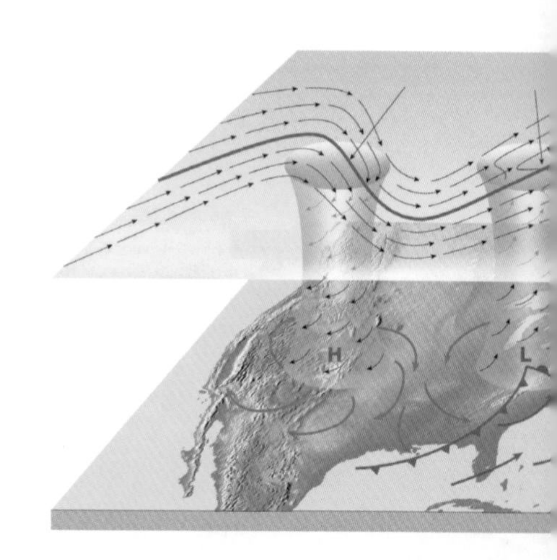

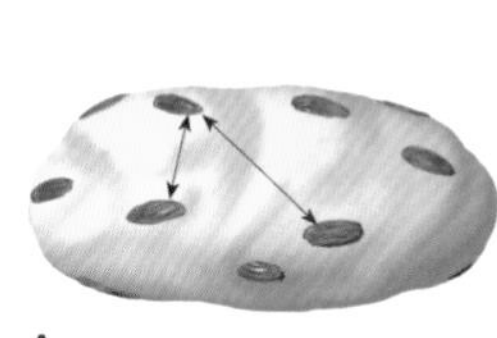

A.

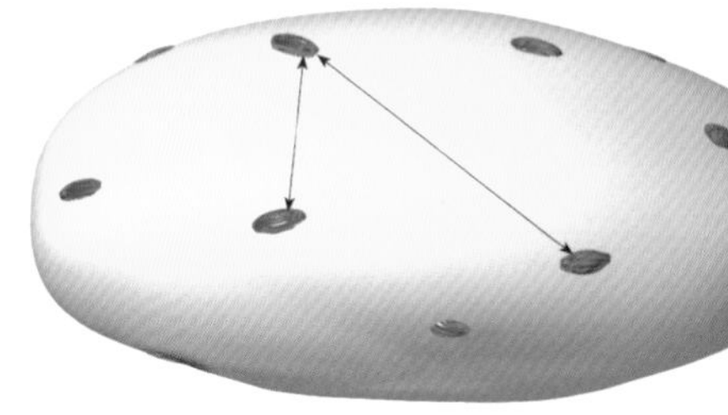

B.

觀念地球科學

[Foundations of Earth Science 6th edition]

《觀念地球科學 1》

《觀念地球科學 2》

《觀念地球科學 3》

《觀念地球科學 4》

第六部
地球的動態大氣

13

運動中的大氣

學習焦點

留意以下的問題，
對掌握本章的重要觀念將相當有幫助：

1. 什麼是氣壓？隨高度不同，氣壓會如何改變？
2. 風是由什麼力產生的？其他還有哪些因素會影響風？
3. 氣壓中心有哪兩種類型？
   與各氣壓中心有關的空氣運動及一般天氣狀況為何？
4. 什麼是理想狀態下的全球環流？
5. 什麼是中緯度的主要大氣環流？
6. 各種局部風的名稱和成因為何？

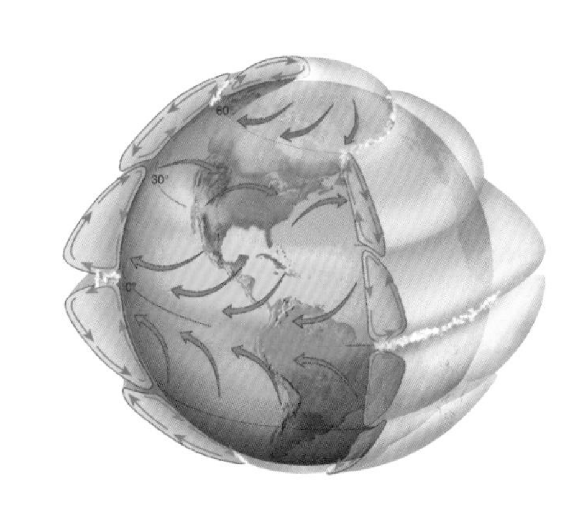

在天氣和氣候的各種要素中，氣壓變化是最不易察覺的。聽氣象報告時，我們通常會對水氣狀況（溼度及降水）、溫度或是風比較感興趣，很少有人會想知道氣壓狀況。雖然人們對逐時或逐日的氣壓變化總是渾然不覺，氣壓造成的天氣變化卻非常重要。各地氣壓的不同會導致空氣的運動，也就是我們所說的風，這是天氣預報中一項很重要的因素。在這一章我們將會學到，氣壓和天氣的其他要素有密切的因果關係。

瞭解氣壓

在第 3 冊第 11 章中，我們介紹**氣壓**是上方空氣重量所施加的壓力。海平面平均氣壓約為 1 公斤／平方公分，大約等同於 10 公尺高的水柱所造成的壓力。只要用簡單的算術，就可以算出施加在學校書桌（50 公分×100 公分）上的氣壓超過 5000 公斤，也約等於一輛五十人座校車的重量。為什麼書桌受上方空氣之海的重量壓迫，卻不會被壓垮？很簡單，因為氣壓同樣施加在各個方向：上、下、左、右，因此對書桌向下施加的氣壓和向上施加的氣壓達到平衡。

為了更清楚這個現象，想像有一個很高的水族箱，尺寸和書桌的大小一樣，當水族箱中注入 10 公尺高的水時，底部的水壓正好等於 1 大氣壓。如果把水族箱放在書桌上，使所有的力都直接往下施加，想像會發生什麼事？反過來做個比較，如果把書桌放進水族箱，讓書桌沉到箱底，結果又會如何？水族箱裡的書桌將可倖存，因為水壓會施加在各個方向，而書桌上的水族箱只是往下施壓。書桌和我們的身體一樣，構造禁得起 1 大氣壓。雖然我們通常察覺不到周圍的空氣之海對我們所施加的壓力，只有在搭電梯或飛機升降的時候除外，這時氣壓的感受是真實存在的。太空人在太空漫步時，身上穿的加壓太空衣，就是模擬地球表面的大氣壓力。如果沒有這些太空衣保護，體液將在真空中沸騰，太空人很快就會死亡。

氣壓的觀念也可利用氣態分子來解釋。氣態分子不同於液態或固態分子，不受彼此拘束而可自由運動，占滿所有可用的空間。兩個氣態分子碰撞時，它們會像彈力球一樣彼此彈開，這在常態下經常發生。如果氣體局限在容器中，其分子運動會受到容器壁的限制，就如同手球場的牆壁會使手球改變運動方向。氣體分子對容器壁的連續撞擊，會向外施加推力，也就是我們所說的氣壓。雖然大氣並沒有牆壁，底部卻受地表擋住而受限，頂部也因地心引力的作用而無法逃逸。這裡我們可把氣壓定義為氣體分子連續碰撞表面而施加的力。

測量氣壓

氣象學家測量氣壓時所用的單位稱為毫巴(mb)，標準海平面氣壓為 1,013.2 毫巴。雖然自 1940 年 1 月以來，美國所有的天氣圖就一直使用毫巴為測量單位，媒體卻習慣以「英寸汞柱」來描述氣壓。美國氣象局於是把毫巴轉換為英寸汞柱，提供大眾及飛航使用。

英寸汞柱很容易懂。利用水銀來測量氣壓可追溯自 1643 年，當時著名義大利科學家伽利略的學生托里切利（1608-1647）發明了**水銀氣壓計**。托里切利把大氣形容為浩瀚的空氣之海，這海對我們及周遭所有物體施壓。為了測量這個力，他把玻璃管的一端封閉後注入水銀，然後把玻璃管倒置於一盤水銀中（圖 13.1）。托里切利發現水銀流出玻璃管，直到水銀柱重量

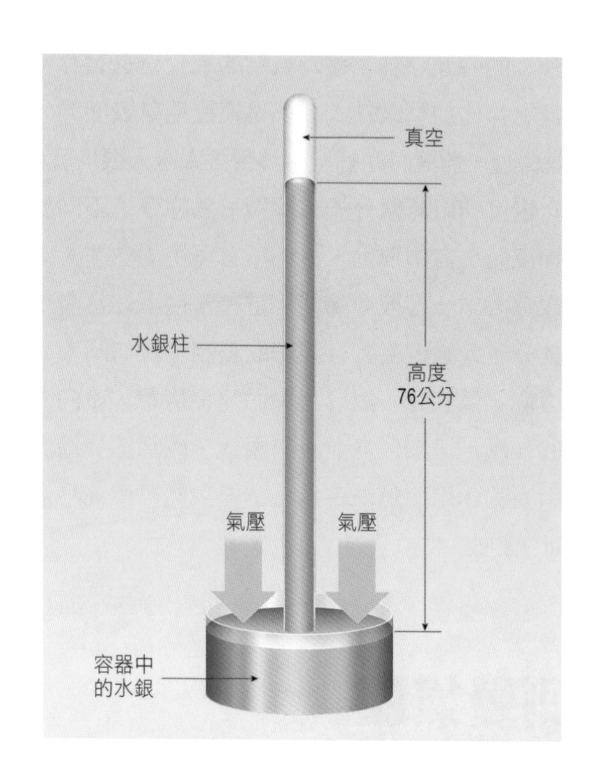

圖13.1 水銀氣壓計。
水銀柱的重量和水銀容器上方空氣所施加的壓力達平衡。如果氣壓降低，水銀柱會下降；若氣壓升高，水銀柱會上升。

與大氣施加於盤中水銀表面的壓力達平衡。換句話說，水銀柱重量與同直徑、從地面到大氣層頂高的空氣柱重量相同。

若氣壓升高，水銀柱會上升，反之若氣壓降低，水銀柱會下降。經過一番改良之後，托里切利水銀氣壓計如今仍是標準的氣壓測量儀器，標準海平面氣壓為 76 公分汞柱。

由於人們想要更小且更易攜帶的氣壓儀器，因而發展出**空盒氣壓計**。空盒氣壓計利用半真空的金屬盒（圖 13.2），取代受氣壓控制的水銀柱。金屬盒對氣壓變化的感應極為靈敏，會因而改變形狀，壓力升高時會壓縮，壓力降低時會膨脹。盒中的槓桿組把金屬盒的改變連結至刻度盤的指針，

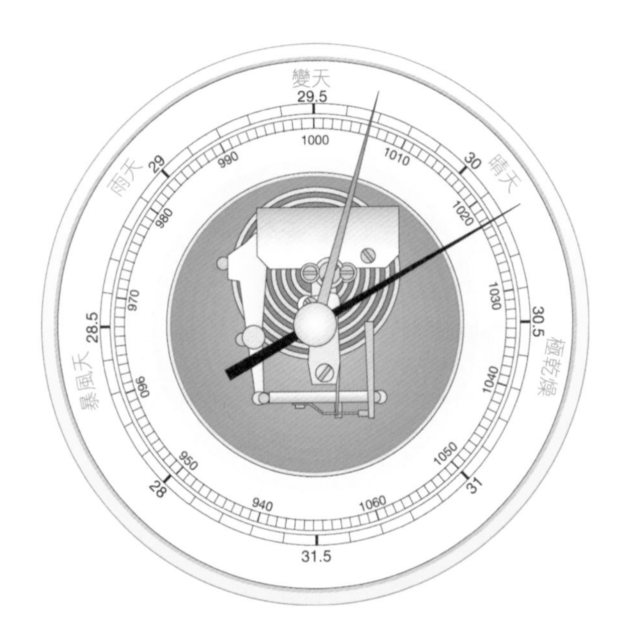

圖13.2 空盒氣壓計。
空盒氣壓計為半真空的金屬盒，形狀可改變，氣壓升高時會壓縮，氣壓降低時會膨脹。

校準後便可讀取氣壓數值，單位可用英寸汞柱與（或）毫巴。

如圖 13.2 所示，家用的空盒氣壓計讀數以晴天、變天、雨天和暴風天來標示。注意其「晴天」對應到高壓，「雨天」則對應到低壓。然而氣壓計並不總是標示正確的天氣，指針可能會在雨天時指向「晴天」，或是在晴天時指向「雨天」。要「預測」當地天氣，過去幾小時的氣壓改變比目前的氣壓讀數更為重要。氣壓下降通常伴隨雲量增加及降水的可能性，而氣壓上升通常表示天氣晴朗。然而要記得，特定的氣壓讀數或趨勢並非總是對應到特定的天氣型態。

空盒氣壓計的好處之一，是它很容易連結到記錄裝置，這種儀器稱為**氣壓儀**，可提供氣壓隨時間變化的連續紀錄（圖 13.3）。氣壓儀的另一個重要的應用，是用來表示高度，例如飛機、登山者和地圖繪製者都會用到。

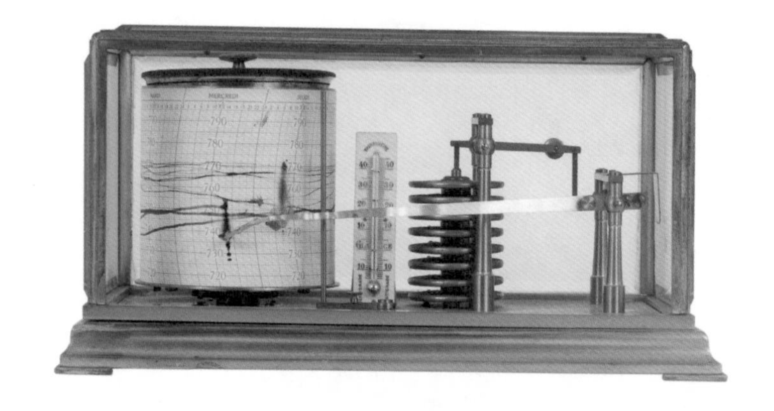

圖13.3 空盒氣壓儀可連續記錄氣壓的變化。

（Photo by Hemera Technologies © Getty Images/Photo Object.net/Thinkstock）

氣壓計可利用任何不同的液體來製作，
水柱氣壓計的問題在於其大小。因為水的密度比水銀小 13.6 倍，
因此標準海平面氣壓如果以水柱高度來表示，
將會是水銀氣壓計的 13.6 倍高，結果水柱氣壓計至少要 10.3 公尺高才行。

影響風的因素

在第 11 章中，我們曾探討空氣的上升運動及其在雲形成過程中扮演的角色。空氣的垂直運動很重要，但更多數的空氣是進行同等重要的水平運動，產生的現象也就是所謂的風。風是如何形成的？

簡單的說，風是氣壓在水平方向的差異所造成的結果。空氣會從高壓區流向低壓區。你可能有過這樣的經驗，在打開咖啡真空罐時，會聽到「啵」的一聲，那就是空氣從罐外的高壓區急速衝向罐內低壓區的結果。風是大自然企圖平衡氣壓的不均等所造成的，由於地表加熱不均，才會產生這些壓力差異，因此可說太陽輻射是大部分風的基本能量來源。

如果地球不自轉，而且假如運動的空氣和地表之間沒有摩擦力，空氣將會從高壓區以直線流向低壓區。但是因為地球自轉且摩擦力確實存在，因此風會被以下幾種力的組合所控制：（1）氣壓梯度力，（2）科氏效應，和（3）摩擦力。接下來將逐一探討這幾項因素。

氣壓梯度力

氣壓的差異產生風，差異愈大，風速就愈強。在地表，從幾百個氣象測站觀測到的氣壓資料，可以看出氣壓的變化。在天氣圖上可利用等壓線來顯示這些氣壓資料，**等壓線**為氣壓相同的地方所連成的線（圖 13.4）。等壓線的間距代表氣壓在某段距離之間的變化量，稱為**氣壓梯度**。

要瞭解氣壓梯度，可以把它想成是山坡的坡度。氣壓梯度較大就像是山坡較陡，空氣塊會加速得比氣壓梯度小的來得快。因此風速和氣壓梯度之間的關係很明確易懂：等壓線密集表示氣壓梯度大、風較強；等壓線稀疏表示氣壓梯度小、風較弱。次頁的圖 13.4 顯示等壓線之間的距離和風速的關係。注意在美國的俄亥俄、肯塔基、密西根和伊利諾等州的風速較強，該處的等壓線比較密集，西部各州的等壓線則較為稀疏。

氣壓梯度是風的驅動力，而且有大小及方向性。其大小取決於等壓線的間距，力的方向都是從高壓區指向低壓區，而且垂直於等壓線。空氣一旦開始運動，科氏效應和摩擦力就開始發揮作用，但它們只會改變運動，不會產生運動。

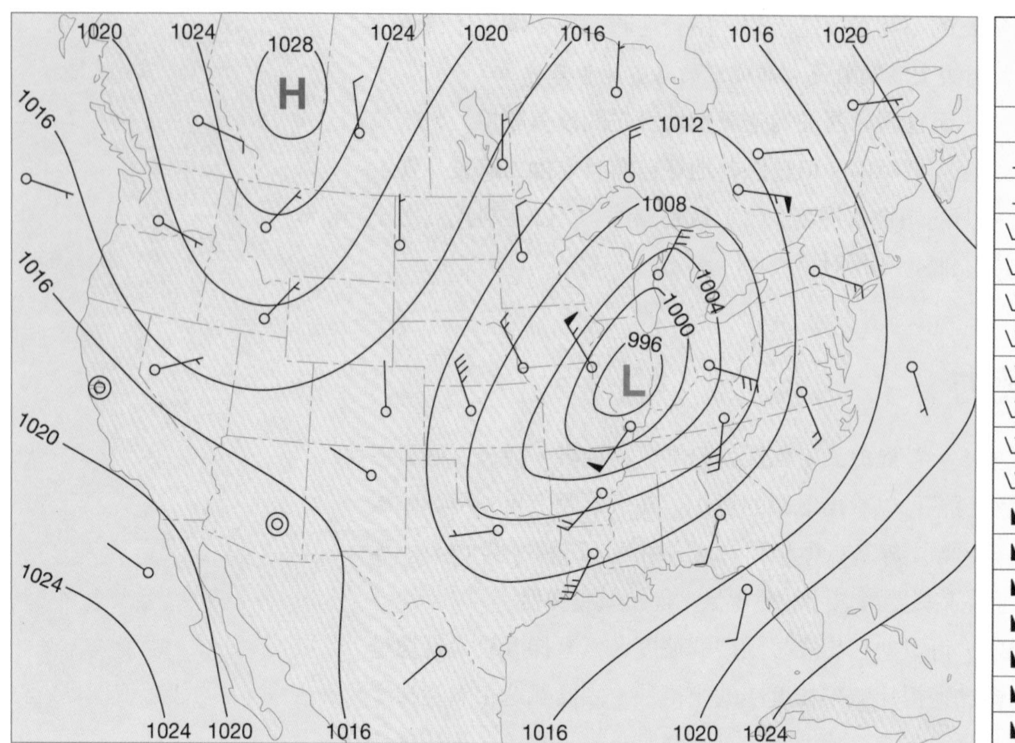

符號	風速（英里／小時）
◎	靜風
———	1–2
(1 short barb)	3–8
(1 barb)	9–14
(1 barb + 1 short barb)	15–20
(2 barbs)	21–25
(2 barbs + 1 short barb)	26–31
(3 barbs)	32–37
(3 barbs + 1 short barb)	38–43
(4 barbs)	44–49
(4 barbs + 1 short barb)	50–54
(1 flag)	55–60
(1 flag + 1 short barb)	61–66
(1 flag + 1 barb)	67–71
(1 flag + 1 barb + 1 short barb)	72–77
(1 flag + 2 barbs)	78–83
(1 flag + 2 barbs + 1 short barb)	84–89
(2 flags + 1 short barb)	119–123

圖13.4　黑線代表等壓線，是氣壓相同的地方所連成的線。天氣圖上的等壓線顯示氣壓的分布情形，一般來說是曲線，在高壓或低壓中心附近通常是封閉的曲線。旗狀符號代表高壓胞或低壓胞周圍預期的氣流，看起來像是隨風飄揚的旗子。風速便是以旗子和「羽毛」來表示，如天氣圖右方的圖標。

到達低層大氣的太陽能約有 0.25％會轉變成風能。
這比例雖然微不足道，實際上產生的能量卻非常驚人。
據估計，單是在美國的北達科他州，
理論上其潛在的風力發電量就足以供應全美三分之一以上的用電量。

科氏效應

圖 13.4 顯示伴隨高壓及低壓系統的典型空氣運動。一如預期，空氣從高壓區往外流向低壓區。然而，風並沒有如氣壓梯度力所驅使的那樣，以直角跨越等壓線。方向的偏離是地球自轉造成的，稱為**科氏效應**，以紀念首先完整的描述該現象的法國科學家，科里奧利（Gustave-Gaspard de Coriolis, 1792-1843）。

所有自由運動的物體或流體（包括風），在北半球會偏向運動路徑的右邊，在南半球則會偏向左邊。偏向的原因可以用下例來說明：想像從北極發射一艘火箭，射向位在赤道的目標（圖 13.5）。如果火箭到達目標需要 1 小時，飛行途中地球會向東自轉 15 度。對於站在地球上的人來說，看起來像是火箭偏離軌道，因而擊中目標以西 15 度的地球。火箭的實際路徑是直線，若站在太空來看，看起來也是直線。由於地球在火箭下方自轉，所以表面上看起來像是火箭方向偏離。

注意火箭的方向偏離，是偏向運動路徑的右邊，因為北半球的自轉是逆時針方向。在南半球，作用正好相反，地球順時針方向自轉會產生類似的方向偏離，但卻是偏向運動路徑的左邊。不管風流動的方向為何，都會發生同樣方向偏離的情形。

我們把這種表面上的風向偏離歸因為科氏效應，這種偏向會（1）和氣流的走向呈直角；（2）只影響風向，不影響風速；（3）會受風速影響（風愈強，偏向愈大）；（4）在兩極最強，向赤道逐漸減弱，在赤道就不存在。

自由運動的物體都會受科氏效應的影響而偏向，這很有意思。二次大戰期間，美國海軍發現，在目標攻擊演習時，戰艦上的長程槍砲連續未擊中目標，甚至偏了好幾百碼，直到做了彈道修正，把表面上看起來不動的目標位置改變，才解決問題。對短距離來說，科氏效應就相對來得小。

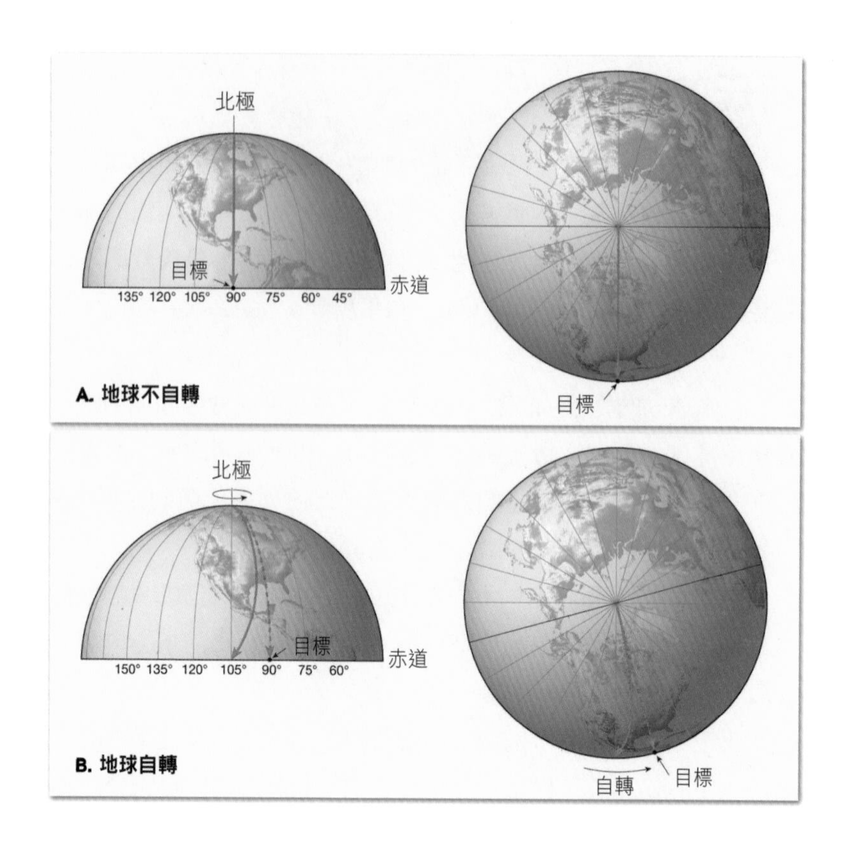

圖13.5　科氏效應。利用火箭從北極飛行1小時射向赤道來說明。

A. 若地球不自轉，火箭將以直線飛行至目標。

B. 然而地球每小時自轉15度，因此雖然火箭以直線飛行，我們描繪火箭在地表上的路徑時，會循曲線路徑偏向目標的右邊。

地表摩擦力

只有在地表附近幾公里以內，摩擦力對風的作用才顯得重要。摩擦力會減緩空氣的運動，結果造成風向的改變。為了說明摩擦力對風向的影響，先來看沒有摩擦力作用的情形。在摩擦層之上，氣壓梯度力和科氏效應會共同影響空氣的流動，在此狀況下，氣壓梯度力驅使空氣開始運動並跨越等壓線，只要空氣一開始運動，科氏效應就會垂直作用於該運動，風速愈快，方向偏離愈大。

最後，科氏效應和氣壓梯度力達到平衡，風會平行等壓線（圖 13.6）。高層大氣的風大致上都是如此，稱為**地轉風**。由於沒有地表的摩擦力，所以地轉風的風速比地面風來得大，從圖 13.7 的風速符號可看出，很多地方的風速達到每小時 80 到 160 公里（50 到 100 英里）。

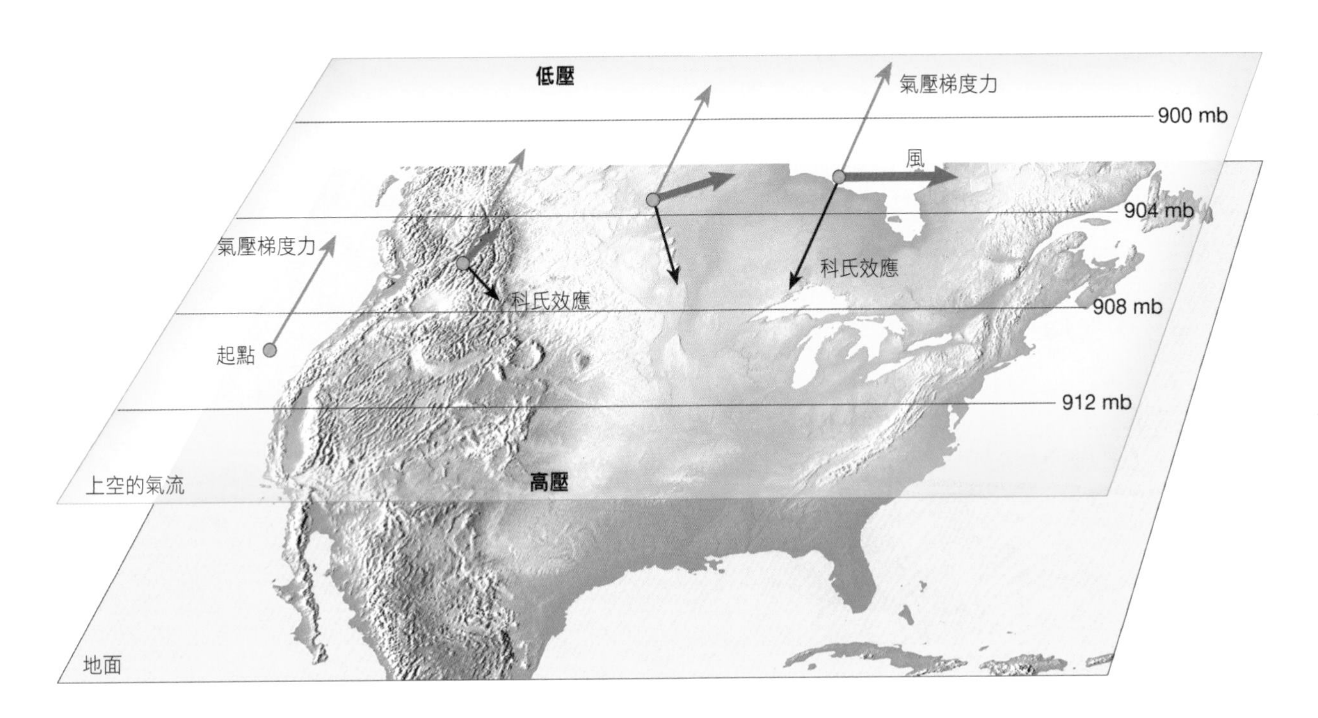

圖13.6　地轉風。氣壓梯度力是唯一作用於靜止氣塊的力。一旦空氣開始加速，科氏效應在北半球就會使氣流偏向流動方向的右邊，風速愈強，科氏效應（偏向）愈明顯，直到氣流平行等壓線。此時，氣壓梯度力和科氏效應達平衡，這種氣流稱為地轉風。要記住很重要的一點，在實際的大氣中，氣流在氣壓場變化中不斷調整，結果地轉平衡的調整比所顯示的要不規則得多。

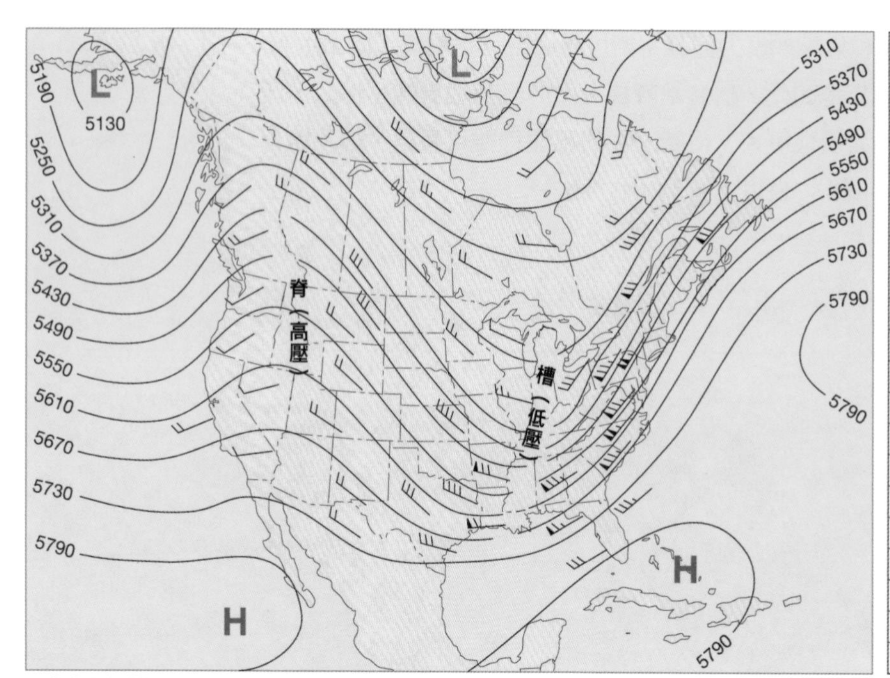

符號	風速（英里／小時）
◎	靜風
	1–2
	3–8
	9–14
	15–20
	21–25
	26–31
	32–37
	38–43
	44–49
	50–54
	55–60
	61–66
	67–71
	72–77
	78–83
	84–89
	119–123

A.高空天氣圖

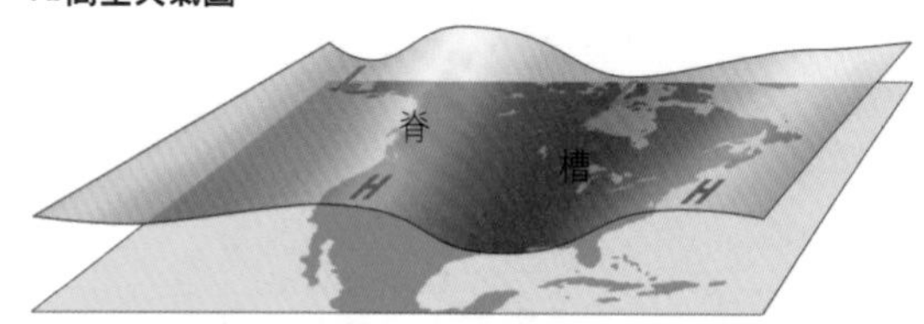

B.高空天氣圖的示意圖

圖13.7 高空天氣圖。

A. 這張簡化的天氣圖顯示高空風場的風向和風速。從旗狀符號來看，氣流幾乎平行等高線。如同大部分的高空天氣圖，這張所顯示的是500毫巴氣壓面的高度變化（單位為公尺），而不是如地面圖般顯示固定高度的氣壓變化。這可能讓你產生疑惑，但其實等高線和氣壓之間有簡單的關連。若某地上空氣壓為500毫巴的高度較高（圖上的南邊），當地的氣壓會比等高線標示高度較低的地方來得高。因此等高線的高度數值愈高，表示當地的氣壓愈高；等高線的高度數值愈低，表示當地的氣壓愈低。

B. 500毫巴氣壓面高空天氣圖的示意圖。

高層氣流最重要的特徵就是**噴流**。二次世界大戰期間，高空轟炸機首度偶然發現，這種快速流動的空氣「河流」以每小時 120 至 240 公里的速度由西向東吹。有一股這樣的氣流位於極鋒區，此乃寒冷的極地氣團與溫暖的副熱帶氣團交會之處。

在 600 公尺以下，摩擦力會使氣流變得較複雜。還記得吧，科氏效應和風速成正比，摩擦力會減緩風速，所以也會減低科氏效應。因為氣壓梯度力不受風速影響，所以在與科氏效應的「拔河比賽」中獲勝，如圖 13.8 所示。結果空氣的運動方向會以某個角度穿越等壓線而流向低壓區。

地形的粗糙程度將決定氣流穿越等壓線的角度。在平滑的海面上方，摩擦力較小，所以角度較小。在崎嶇的地形上方，摩擦力較大，氣流穿越等壓線的角度可高達 45 度。

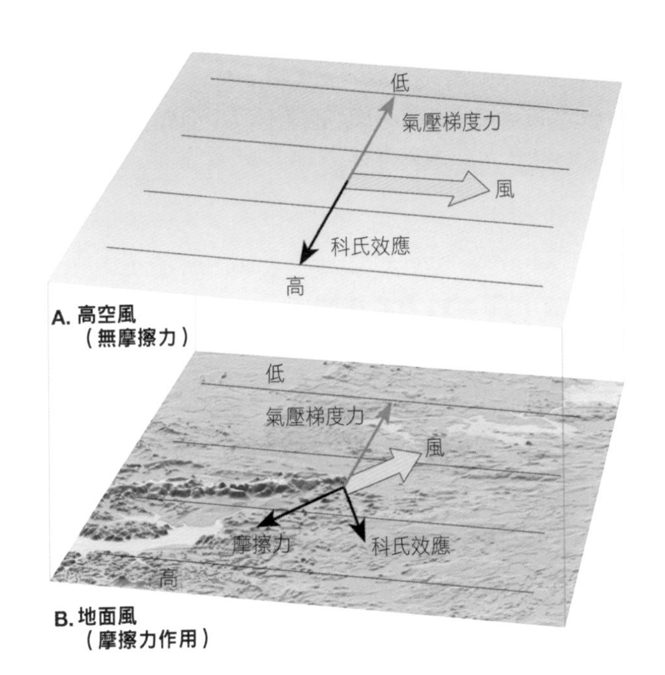

圖13.8　高空風和地面風的比較，可顯示摩擦力對氣流的影響。
摩擦力會減緩地面風速，使科氏效應減弱，導致風穿越等壓線而流向低壓。

你知道嗎？

科氏效應可能會影響棒球比賽的結果。
擊出的棒球沿著右外野線在四秒內飛行 100 公尺水平距離，
會往右邊偏離 1.5 公分，
有可能將原本的全壘打變成界外球。

你知道嗎？

所有的最低氣壓紀錄都和颶風或颱風如影隨形。
美國的最低氣壓紀錄為 882 毫巴，
於 2005 年 10 月威爾瑪（Wilma）颶風期間測得。
世界紀錄為 870 毫巴，於 1979 年 10 月狄普（Tip）颱風期間測得。

總結來說，高空氣流幾乎與等壓線平行，而摩擦力的作用使近地面風速變小，且風向以某角度穿越等壓線。

高壓和低壓

在任何天氣圖上，最常見的特徵就是標示為氣壓中心的地區。**氣旋**或**低壓**代表低壓中心，**反氣旋**或**高壓**代表高壓中心。如圖 13.9 所示，氣旋的等壓線氣壓值從外圍向中心遞減，反氣旋則正好相反，等壓線的數值從外圍向中心遞增。只要明白關於高壓和低壓中心的一些基本事實，就能大幅增進對目前及未來天氣的瞭解。

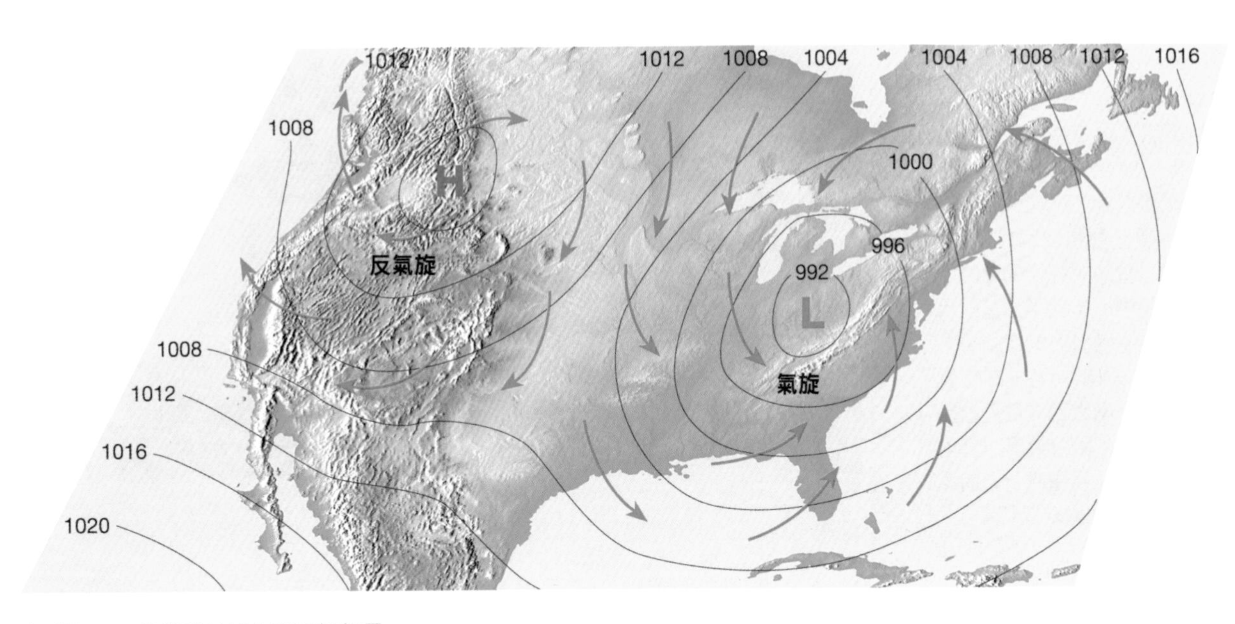

圖13.9 北半球的氣旋和反氣旋風。
箭頭顯示低壓周圍的風以逆時針方向吹進低壓；反之，高壓周圍的風以順時針方向吹出。

氣旋風和反氣旋風

從前面幾節中我們學到，影響風的兩個最主要因素是氣壓梯度力和科氏效應。風從高壓吹向低壓，且受地球自轉影響而偏右或偏左。將這些氣流的控制因素應用在北半球的氣壓中心，結果就是低壓周圍的風以逆時針方向吹進低壓（圖 13.10A），在高壓周圍的風則是以順時針方向吹出（圖 13.9）。

在南半球，科氏效應使風偏向左邊，因此低壓周圍的風以順時針方向吹（圖 13.10B），高壓周圍的風則是以逆時針方向吹。在南、北半球，摩擦

圖13.10 北半球和南半球的氣旋環流。在這些影像圖中，雲的型態讓我們可以「看見」低層大氣的環流型態。
A. 這張衛星雲圖顯示2004年8月17日位於阿拉斯加灣的巨大低壓中心。雲型清楚顯示內流及逆時針方向螺旋。
B. 這張2004年3月26日的雲圖，顯示南大西洋靠近巴西海岸的強烈氣旋風暴，雲型展現出內流及順時針方向環流。（Photos by NASA）

力在氣旋周圍會造成淨內流（**輻合**），在反氣旋周圍造成淨外流（**輻散**）。

高壓和低壓所產生的天氣

空氣上升伴隨雲的形成與降水，而空氣下沉則產生晴空。本節將討論空氣的運動本身如何造成氣壓改變並產生風。之後，我們將探討水平氣流和垂直氣流之間的關係，以及它們對天氣的影響。

首先來看地面的低壓系統，該處空氣以螺旋形流進低壓中心。空氣的淨內流傳送造成氣團所占的面積縮小，此過程稱為水平輻合。每當空氣水平輻合，就會堆疊變高，也就是增加高度來彌補面積的減少，這樣會造成空氣柱變高也因此變重。然而，地面低壓只有當空氣柱施加的壓力比周圍區域少時才能存在。這似乎有點矛盾，低壓中心造成空氣的淨累積，這麼一來卻會增加其壓力。結果，地面氣旋必然會很快的自我毀滅，這和真空罐打開時的情況沒什麼兩樣。

地面低壓若要長期存在，上方的空氣層一定要有所補償。例如，只要高空輻散（散開）的速率和底下內流的速率一致，地面輻合就能維持。圖 13.11 顯示地面輻合和高空輻散之間的關係，對維持低壓中心的必要性。

高空輻散可能超過地面輻合，進而增強地面的內流並加速垂直運動。因此高空輻散可以增強並維持暴風中心。相反的，若高空輻散不夠的話，便會使地面氣流「填滿」並減弱伴隨的氣旋。

要注意的是，氣旋的地面輻合會造成淨上升運動。垂直運動的速率很慢，通常小於每天 1 公里。然而，因為上升空氣通常會形成雲和降水，所

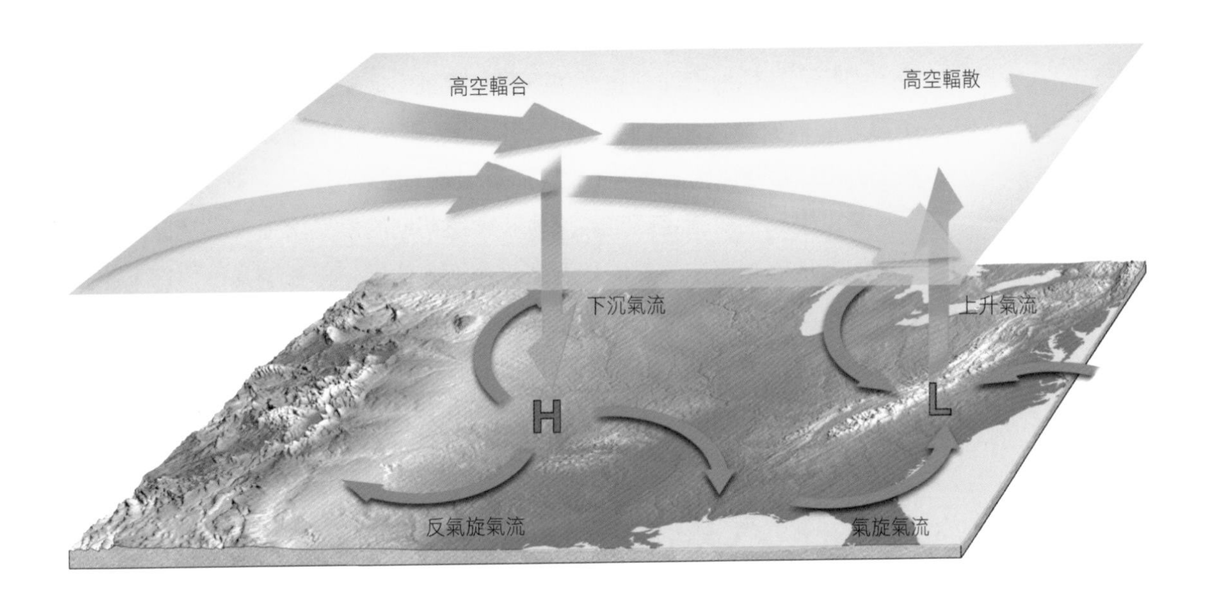

圖13.11 伴隨地面氣旋及反氣旋的氣流。
低壓或氣旋有地面輻合風場及上升氣流，造成多雲天氣。高壓或反氣旋有地面輻散風場及下沉氣流，造成晴空及好天氣。

以低壓中心一般會伴隨不穩定和風暴天氣。

一般往往是高空輻散產生地面低壓，高空的空氣向外散開，驅使正下方的大氣往上升，最後影響到地面，促使內流發生。

和氣旋一樣，反氣旋也必須靠上方空氣來維持。近地面的外流伴隨高空輻合，使空氣柱下沉（圖 13.11）。因為空氣下沉會壓縮增溫，所以反氣旋不會形成雲和降水。因此當高壓中心接近時，通常預期會是晴朗的天氣。

因為如此，家用氣壓計上習慣把低壓標記為「暴風天」，高壓標記為「晴天」。只要注意氣壓是上升、下降或穩定，我們就可以對未來天氣有跡可循。這種測定稱為**氣壓趨勢**，有助於短期天氣預報。

大家現在應該更進一步瞭解，為何電視上的氣象主播都會強調氣旋和反氣旋的位置和未來路徑。這些天氣節目中的「壞人」總是由低壓中心扮演，因為它在任何季節都會產生「壞」天氣。低壓大致上由西向東移動，穿越美國需要幾天到一星期以上的時間。雖然對於短期預報來說不可或缺，但由於其路徑相當飄忽不定，所以很難準確預報其移動行徑。

氣象學家也要確定高空氣流會不會使初期的風暴增強，或是抑制其發展。因為地面和高空的氣流狀況關係密切，他們一再強調其重要性，並試圖瞭解整體的大氣環流，尤其是在中緯度地區。接下來，我們將探討地球的大氣環流如何運作，然後再藉此知識來檢視氣旋的結構。

大氣環流

我們已知風的起因是地表加熱不均。在熱帶地區，接收到的太陽輻射比輻射回太空的多。在極區正好相反：接收到的太陽輻射比散失的少。為了要平衡此差距，大氣便扮演起巨大的熱傳送系統，把暖空氣往兩極傳送，把冷空氣往赤道傳送。同理，尺度較小的洋流也對全球的熱傳送有所貢獻。大氣環流很複雜，有許多層面需要加以解釋。不過為了大致上的瞭解，我們可以先考慮發生在表面均勻且非自轉地球上的環流，然後再修正該系統，以符合實際觀察到的型態。

非自轉地球上的環流

在假想的非自轉地球上，假設所有陸面和水面都很均勻，如此一來將產生兩個大的熱力胞（圖 13.12）。赤道空氣被加熱而上升，直到遇上如蓋子般的對流層頂阻止空氣上升，迫使空氣轉而流向兩極。最後，高層氣流會到達兩極，下沉而在地面四處散開，然後又流回到赤道。一旦到了赤道，

圖13.12　非自轉地球的全球環流。
非自轉地球的大氣加熱不均，生成簡單的對流系統。

又會被加熱而開始重複同樣的歷程，周而復始。這個假想的環流系統為高層空氣流向兩極，地面空氣則流向赤道。

如果加上自轉的效應，這個簡單的對流系統會分裂成幾個較小的胞。圖 13.13 說明在自轉行星上，三胞環流如何達成把熱重新分布的任務。極區和熱帶的胞仍維持先前所述的熱力對流特徵，中緯度環流的特性比較複雜，以下將詳加討論。

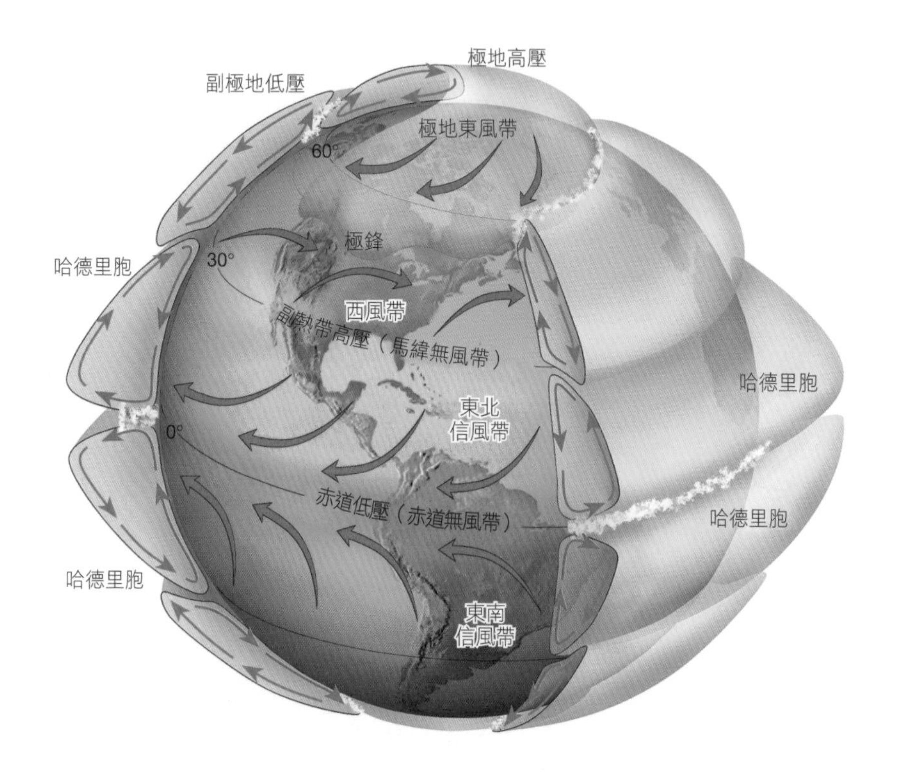

圖13.13 自轉地球的三胞環流模式所提出的理想狀態下全球環流。

理想狀態下的全球環流

在赤道附近，上升空氣伴隨的氣壓區稱為**赤道低壓**，此處以豐沛的降水著稱。當赤道低壓的高層氣流到達緯度 20 至 30 度之間時，不管在南或北半球，都會下沉回到地面。該下沉空氣伴隨絕熱增溫而變得溫暖乾燥，乾空氣下沉區的中心為**副熱帶高壓**，環繞在地球南、北半球緯度 30 度附近（圖 13.13）。澳洲、阿拉伯和非洲會有大沙漠，都是因為副熱帶高壓形成的穩定、乾燥天氣而造成的。

在地面，氣流從副熱帶高壓中心向外流，有些空氣流向赤道，受到科氏效應的影響而偏向，產生可靠的**信風**。其餘的空氣流向兩極，也同樣偏向，產生中緯度的盛行**西風帶**。當西風帶往極區移動，會遇到位於**副極地低壓**區寒冷的**極地東風帶**。這兩股冷、暖風帶交互作用所產生的風暴地帶也就是所謂的**極鋒**。多變的極地東風帶發源地稱為**極地高壓**，此處的極地冷空氣下沉而往赤道散布。

總結來說，這個簡化的全球環流由四個氣壓區控制。副熱帶和極地的高壓區伴隨乾燥的下沉空氣，在地面向外擴散流出，產生盛行風。赤道和副極地的低壓區伴隨地面內流及上升氣流，產生雲和降水。

根據美國風能協會的資料，
截至 2009 年底，
美國的風能容量總計達 35,000 百萬瓦（megawatt）。
一百萬瓦足可供應 250 到 300 戶美國一般家庭的用電量。

大陸陸地的影響

到目前為止，我們都把地面氣壓及伴隨的風場描述成環繞地球的連續地帶。然而，真正連續的氣壓帶只有南半球的副極地低壓，因為那裡的海洋沒有受大陸阻擾。在其他緯度，尤其是北半球，大陸把海洋分隔，季節性的溫度差異大，瓦解了環流型態。圖 13.14 顯示 1 月和 7 月的氣壓和風的型態，海洋上的環流由副熱帶半永久性的高壓胞和副極地低壓胞所主導。如前所述，信風帶和西風帶就是由副熱帶高壓掌控的。

另一方面，大陸地區（尤其是亞洲大陸）在冬季會變冷，並發展成季節性的高壓系統，使地面氣流流出陸地（圖 13.14）。夏季時正好相反，大陸地區會受到加熱而發展成低壓胞，使空氣流向陸地。這種季節性的風向變化就是所謂的**季風**。在暖季，印度等地會有一股溫暖又飽含水氣的氣流從印度洋吹來，產生多雨的夏季季風；冬季季風則由乾燥的大陸空氣取代。在北美地區也有類似的情形，但是範圍較小。

總結來說，大氣環流由海洋上空的半永久性高壓胞和低壓胞產生，又因陸地上空的季節性氣壓變化而變得複雜。

西風帶

中緯度的環流（亦即西風帶）較複雜，且不適用於熱帶地區的對流系統理論。在緯度 30 至 60 度之間，由西向東吹的氣流會受氣旋和反氣旋的移動所阻擾。在北半球，這些胞由西向東環繞地球移動，受到經過地區的影響而生成反氣旋（順時針方向）氣流或氣旋（逆時針方向）氣流。這些地

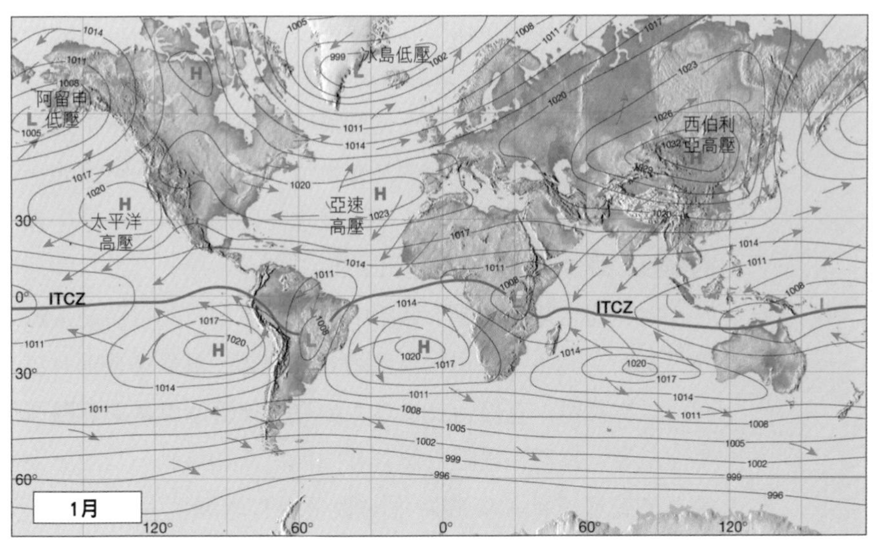

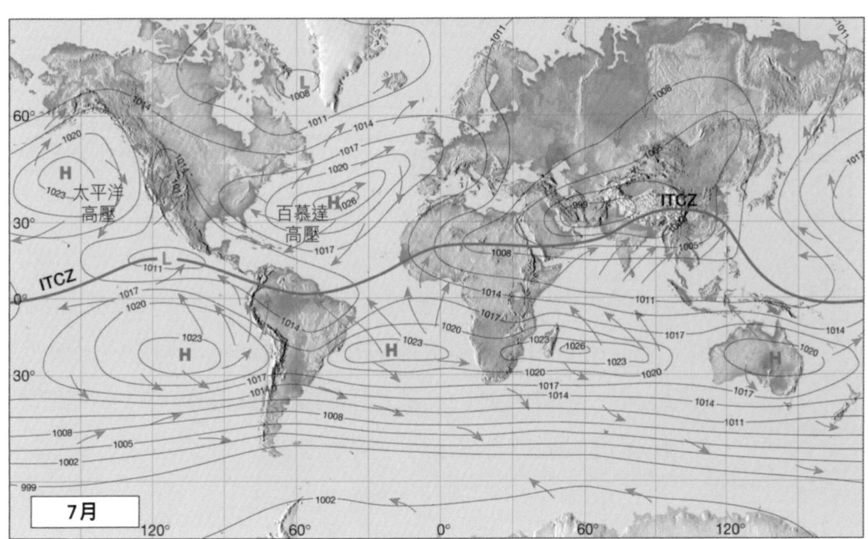

圖13.14 1月及7月的平均地面氣壓（單位為毫巴）和伴隨的風場。
氣壓區明顯隨著太陽直射而南北移動。標有「ITCZ」的曲線為間熱帶輻合帶，和赤道低壓相對應。此下沉暖溼空氣區伴隨豐沛的降水，由於信風帶在此輻合而得名。

面氣壓系統的移動路徑和高空氣流的位置之間，有很密切的關聯，表示高層氣流會導引氣旋和反氣旋系統的移動。

高空氣流的季節性變化為其最明顯的特徵之一。中緯度冬季的溫度梯度很大，相對應會有強烈的高空氣流。另外，極地噴流的季節變動使其平均位置在接近冬季時南移，接近夏季時則北移。在冬季中期，噴流心會向南擴散，最遠可達佛羅里達州中部。

由於高空氣流會導引低壓中心的路徑，我們可預期美國南部各州的風暴天氣多半發生在冬季。炎熱的夏季期間，風暴路徑則會穿越北部各州，有些氣旋甚至一直停留在加拿大。夏季伴隨的風暴偏北路徑也可適用於太平洋風暴，它們在溫暖月份會朝向阿拉斯加移動，為西岸大部分地區帶來較長的乾燥季節。氣旋產生的數量也有季節性，較冷的月份溫度梯度最大，發生氣旋的數量也最多。這和氣旋風暴對於中緯度地區的熱分布所扮演的角色一致。

局部風

目前我們已探討地球的大尺度環流，接著來看風如何影響較小的區域。記得所有的風都是這樣來的：地表加熱不均造成溫度差異，因而產生氣壓差異。*局部風*是由局部地區的氣壓梯度產生的小尺度的風，是由地形作用或鄰近地區的地表成分不同所造成。

海陸風

在沿岸地區的溫暖夏季，白天陸面的加熱比鄰近的水面強烈得多，結果陸面上方的空氣變熱、膨脹、上升，產生較低的氣壓區。由於水面上的冷空氣（氣壓較高）向較暖的陸地（氣壓較低）移動，**海風**因而發展起來（圖 13.15A）。海風在中午前不久開始發展，到下午至傍晚強度達到最強。這種相當涼爽的風對沿岸地區下午的溫度有顯著的緩和作用。

小尺度的海風也會沿大湖泊的沿岸發展起來。住在美國五大湖區附近城市（例如芝加哥）的居民都熟知這種湖泊效應，尤其是在夏天感受更明顯。每天氣象報告總是提醒大家，靠近湖邊的溫度較低，有別於邊遠地區較暖的天氣。

晚上的情形正好相反，此時陸地降溫比海洋快，於是發展成**陸風**（圖 13.15B）。

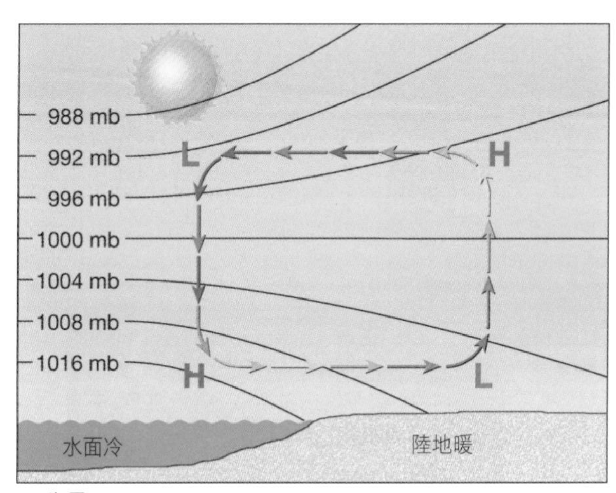

A. 海風　**B. 陸風**

圖13.15 海風和陸風。
A. 白天陸地上方的空氣受熱膨脹，產生較低的氣壓區。水面上較冷而重的空氣移向陸地，生成海風。
B. 晚上陸地降溫比水面快，生成的離岸氣流稱為陸風。

山谷風

在許多山脈地區，每天的風和海風與陸風類似。白天時，沿著山坡的空氣，受到的加熱比山谷上方同樣高度的空氣來得強，由於暖空氣密度較小，會沿山坡向上滑升，生成**谷風**（圖 13.16A）。這種發生在白天的上坡風，常可由發展於鄰近山峰上空的積雲來確認。

日落後，情況正好相反。沿著山坡迅速發生的輻射冷卻使近地面產生一層較冷的空氣。因為冷空氣密度比暖空氣大，會沿下坡流入山谷，這種空氣運動稱為**山風**（圖 13.16B）。

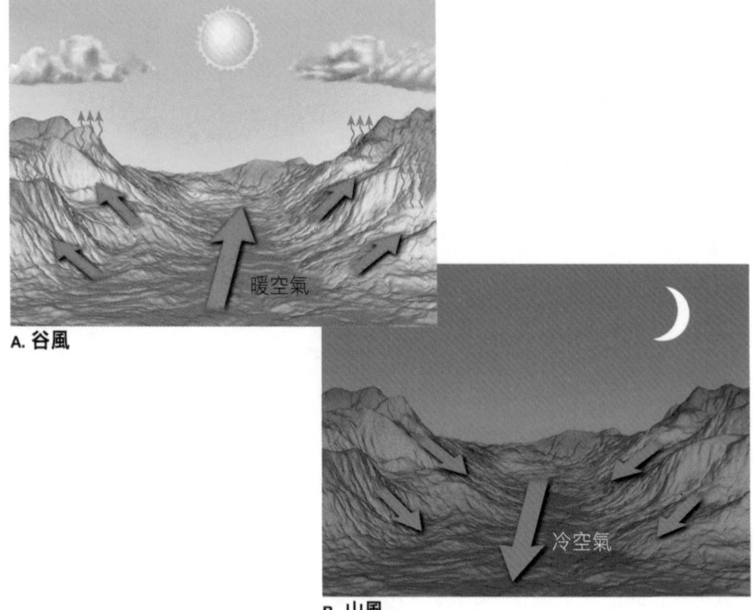

圖13.16 山谷風。
A. 白天的加熱使沿著山坡的空氣變暖，暖空氣上升，生成谷風。
B. 日落後，山附近的空氣降溫，造成冷空氣流進山谷，生成山風。

坡度相當緩和的地方也會發生同類型的冷空氣排流，結果最冷的空氣通常都出現在地勢最低的地方。和許多其他的風一樣，山谷風也有季節的偏好。谷風通常在暖季最常見，因為太陽加熱最強烈，而山風則在冷季較為顯著。

欽諾克風和聖塔安娜風

有時候，溫暖乾燥的風會往洛磯山脈的東邊向下吹，稱為**欽諾克風**。若在高山地區發展成強烈的氣壓梯度，便經常產生這種風。當空氣下沉至高山的背風面時，會絕熱增溫（壓縮）。因為空氣在迎風面上升時可能已有凝結發生而釋放潛熱，空氣在背風面下沉時，會變得比迎風面同高度的空氣來得暖而乾燥。

雖然這些風的溫度通常都低於 10℃，並不特別暖，但它們大部分發生在冬季和春季，受影響的地區可能當時溫度都在冰點以下。因此相形之下，這些乾燥溫暖的風通常會帶來強烈的變化。地面有雪覆蓋時，這些風會很迅速將雪融化，欽諾克風的原文 chinook 就是指「吃雪者」。

在美國加州南部發生的欽諾克風稱為**聖塔安娜風**。該地區原本就很乾燥，這些極為炎熱乾燥的風更大幅增加火災的威脅（圖 13.17）。

洛磯山脈東部背風坡下沉的溫暖而乾燥的風，當地人稱為「吃雪者」。這種風可以在一天之內融化超過 30 公分高的雪。1918 年 2 月 21 日，一股吹過北達科他州格蘭佛（Granville）的欽諾克風，使溫度從零下 36℃ 上升至 10℃，整整升高了 46℃！

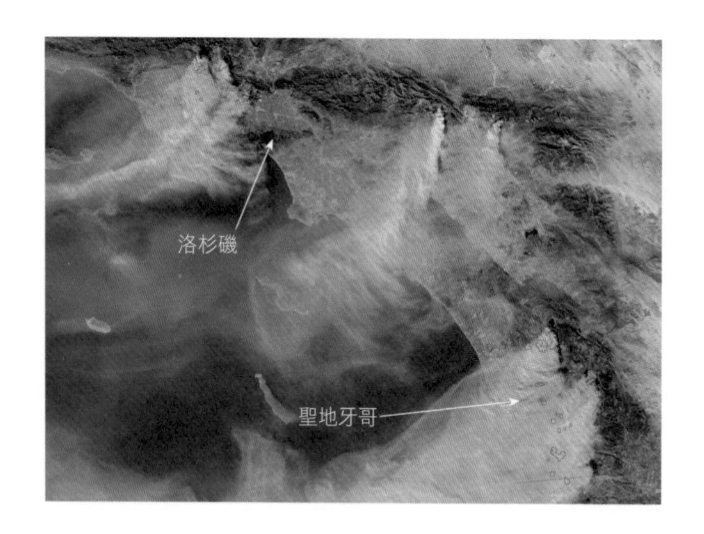

圖13.17 這幅2003年10月27日的衛星雲圖顯示，強烈的聖塔安娜風助長了美國加州南部數起大型森林火災的火勢。這些火災燒毀的面積超過30萬公頃，摧毀超過3千棟民宅。（Photo by NASA）

風如何測量

風的兩種基本測量為風向和風速，對於天氣觀測員來說特別重要。有一種簡單的裝置可以同時測量風向和風速，稱為風袋，在小型機場和飛航跑道很常見（圖 13.18A）。這種圓錐狀的袋子兩邊都是開放的，隨著風向變化可自由變換位置。袋子膨脹的程度即為風速的指標。

風的方向是指風吹來的方向。北風指的就是風從北方向南方吹，東風則是風從東方向西方吹。最常用來測量風向的儀器是**風標**（圖 13.18B）。這種儀器在很多建築物上都可見到，它永遠指向風的來向。風向通常會顯示在連接到風標的刻度盤上，刻度盤顯示的風向，有的是以羅盤上的方向來標示（如北、東北、東、東南等），或是以 0° 到 360° 的刻度來標示。就後者來說，0° 或 360° 都是北，90° 是東，180° 是南，270° 是西。

圖13.18　A. 風袋是用來測定風向和估計風速的常見裝置，為小型機場和飛航跑道常見的景觀。
（Photo by Zoonar/Thinkstock）
B. 風標（左邊）和轉杯風速計（右邊），風標可顯示風向，風速計則可測量風速。
（Photo by iStockphoto/Thinkstock）

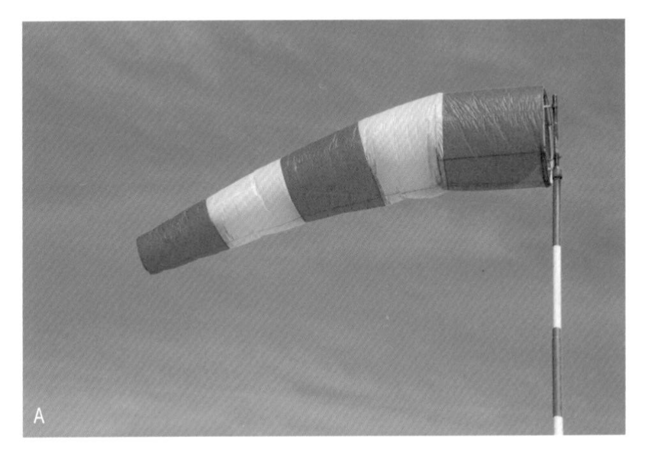

風速通常都利用**轉杯風速計**（圖 13.18B 上右）來測量。風速的刻度表很像是汽車儀表板上的車速表。風速相當強而穩定的地區，很有機會被選為風能發電的地點。

當風持續從某個方向吹，比其他方向更頻繁時，稱為**盛行風**。大家應該對主導中緯度環流的盛行西風帶都不陌生。舉美國為例，這些風持續將「天氣」由西往東移動穿越大陸，高壓胞和低壓胞便把其順時針方向或逆時針方向的特徵，帶入這些向東的氣流中。結果在地面上測量到伴隨西風帶的風，通常隨時間和地點有顯著的變化。反之，伴隨信風帶的氣流方向就穩定得多，如圖 13.19 所示。

圖13.19 風花圖顯示氣流從不同方向吹來的時間比例。
A. 美國東部冬季的風向頻率。
B. 澳洲北部冬季的風向頻率。
（請比較澳洲可靠的東南信風和美國東部的西風。）

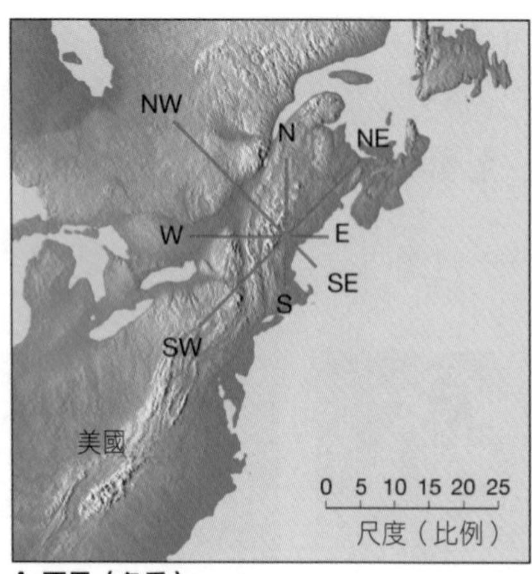

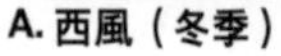

A. 西風（冬季）

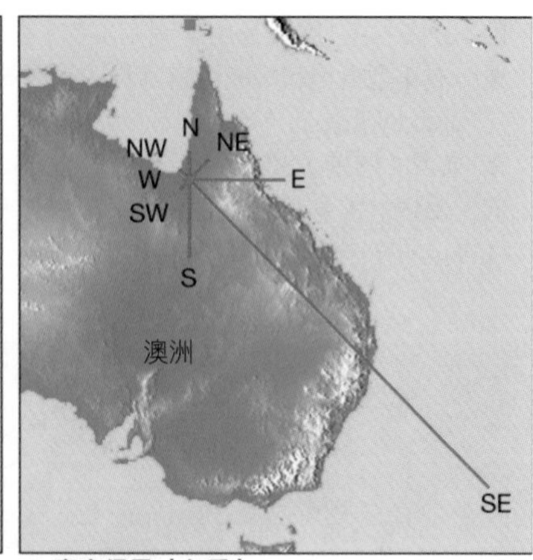

B. 東南信風（冬季）

只要知道氣旋和反氣旋的位置與你所在位置的關係，你就可以預測氣壓中心經過時，風向會如何改變。由於風向改變通常也會帶來溫度和溼度的變化，因此預測風的能力就變得非常有用。例如在美國中西部，北風會帶來加拿大寒冷而乾燥的空氣，南風則會帶來墨西哥灣溫暖而潮溼的空氣。培根的結論說得很好：「每一種風都有屬於它的天氣。」

地面測站的最高風速紀錄是每小時 372 公里，於 1934 年 4 月 12 日在美國新罕布夏州的華盛頓山測得。位於華盛頓山頂上的觀測站高度為 1,886 公尺，平均風速為每小時 56 公里。
更快的風速也肯定發生過，只不過沒有儀器曾當場記錄下來而已。

你知道嗎？

- 空氣有重量：在海平面，空氣所施加的壓力約為 1 公斤／平方公分。氣壓為上方空氣的重量所施加的力，高度愈高，上方的空氣愈少，施加的力也愈小，因此氣壓隨高度增加而降低，一開始降得很快，然後降幅愈來愈慢。氣象學家用來測量氣壓的單位為毫巴，標準海平面氣壓為 1013.2 毫巴。天氣圖上的等壓線是氣壓相同的地方所連成的線。

- 水銀氣壓計是把玻璃管一端封閉後注入水銀，然後倒置於一盤水銀中來測量氣壓，氣壓計中水銀柱的高度就是所測得的氣壓，單位為公分汞柱。標準海平面氣壓等於 76 公分汞柱，當氣壓升高，水銀柱會上升，當氣壓降低，水銀柱的高度也會下降。空盒（無液）氣壓計為半真空的金屬盒，氣壓升高時會壓縮，氣壓降低時則會膨脹。

- 風是從高壓區流向低壓區的水平氣流。風由下列幾種力的組合所控制：（1）氣壓梯度力（氣壓在某段距離之間的變化量），（2）科氏效應（地球自轉的偏向效應，在北半球偏向右邊，在南半球則偏向左邊），以及（3）與地表間的摩擦力（會減緩空氣的運動，並改變風向）。

- 氣壓中心有兩種類型：（1）氣旋或低壓（低壓中心），（2）反氣旋或高壓（高壓中心）。在北半球，低壓（氣旋）周圍的風為逆時針方向內流，高壓（反氣旋）周圍的風為順時針方向外流。在南半球，科氏效應造成低壓周圍的風為順時針方向，高壓周圍的風為逆時針方向。由於低壓中心空氣上升絕熱冷卻，因此通常低壓通過時，會伴隨多雲及降水天氣。高壓中心空氣下沉壓縮增溫，因此反氣旋不容易有雲生成及降水，通常預期會有好天氣。

- 地球的全球氣壓區包括赤道低壓、副熱帶高壓、副極地低壓和極地高壓。伴隨這些氣壓區的全球地面風為信風帶、西風帶和極地東風帶。

- 陸地上的季節性溫度差異很大，特別是在北半球，使理想狀態下或帶狀的氣壓與風的全球型態受到阻擾。在冬季，巨大、寒冷的陸地發展成高壓系統，使地面氣流向外流出。夏季時，陸地受到加熱而發展成低壓系統，使空氣流入陸地。這類季節性的風向變化就是所謂的季風。

- 在中緯度 30 度至 60 度之間，由西往東的西風帶氣流受氣旋和反氣旋的移動所阻擾。這些氣旋與反氣旋系統的移動路徑，和高空氣流與極地噴流之間有密切的關係。極地噴流的平均位置，以及氣旋所遵循的路徑，會隨著冬季來臨而南移，接近夏季時則北移。

- 局部風是由區域性的氣壓梯度所造成的小尺度風。局部風包括海風和陸風（由於每天陸地和海洋上的氣壓差異而形成於沿岸地區）、山風與谷風（在高山地區，沿著山坡的空氣與山谷上方同高度的空氣加熱不同而產生）以及欽諾克風和聖塔安娜風（空氣在山的背風面下沉，因壓縮增溫而產生溫暖、乾燥的風）。

- 風的兩個基本測量為風向和風速。風的方向為風吹來的方向，風向可利用風標來測量，風速則利用轉杯風速計來測量。

山風 mountain breeze　夜晚在山谷附近常會遇到的下坡風。

反氣旋（高壓）anticyclone (high)　高壓中心，其特徵為具有順時針方向的氣流（北半球）。

水銀氣壓計 mercury barometer　一根注滿水銀的玻璃管，其中的水銀柱高度即為氣壓的量度。

地轉風 geostrophic wind　平行於等壓線的風，一般發生在 600 公尺以上的高度。

西風帶 westerlies　位於副熱帶高壓往極區方向之側，此處大氣主要特徵為由西向東運動。

谷風 valley breeze　白天在山谷附近常會遇到的上坡風。

赤道低壓 equatorial low　位於赤道附近及副熱帶高壓之間的低壓區。

季風 monsoon　和大陸（特別是亞洲大陸）有關的季節性風向逆轉。冬季時風由陸地吹向海洋，夏季時則由海洋吹向陸地。

空盒氣壓計 aneroid barometer　測量氣壓的儀器，為半真空的金屬盒，對於氣壓變化的感應極為靈敏。

信風帶 trade winds　位於副熱帶高壓靠近赤道側，幾乎恆常吹東風的兩個區域（北半球為東北信風帶，南半球為東南信風帶）。

科氏效應 Coriolis effect　地球自轉對所有自由移動的物體所造成的偏向力，影響包括大氣和海洋。在北半球的效應偏向右邊，在南半球偏向左邊。

風 wind　地表空氣的水平流動。

風標 wind vane　用來測量風向的儀器。

氣旋(低壓)cyclone (low) 低壓中心,其特徵為具有逆時針方向的氣流(北半球)。

氣壓 air pressure 上方空氣重量所施加的力,也指氣體分子連續碰撞物體表面而施加的力。

氣壓梯度 pressure gradient 在固定距離下,壓力改變的量。

氣壓儀 barograph 可自動記錄的氣壓計。

氣壓趨勢 pressure tendency 數小時以來氣壓變化的性質,有助於短期天氣預報。

海風 sea breeze 沿岸地區午後期間從海洋吹來的局部風。

副極地低壓 subpolar low 位於北極圈和南極圈緯度附近的低壓區。北半球的低壓形態為個別的海洋氣團胞,南半球則為深而連續的低壓槽。

副熱帶高壓 subtropical high 不是連續的高壓帶,而是幾個半永久的反氣旋中心,具有下沉與輻散的特徵,大致位於緯度 25 至 35 度之間。

盛行風 prevailing wind 風持續從某個方向吹,比其他方向更頻繁。

陸風 land breeze 沿岸地區夜晚期間從陸地吹往海洋的局部風。

欽諾克風 chinooks 風從高山的背風面往下吹而壓縮增溫。

等壓線 isobar 地圖上氣壓相同的地方所連成的線,一般會校正至海平面氣壓。

極地東風帶 polar easterlies 在全球盛行風系中,從極地高壓向副極地低壓吹拂的風。但是這些風不該視為如同信風帶的永久風系。

極地高壓 polar high 占據極區核心的反氣旋,是極地東風帶的發源地。

極鋒 polar front 介於極地氣團和熱帶氣團之間的多風暴鋒面地帶。

聖塔安娜風 Santa Ana 欽諾克風在美國加州南部的當地名稱。

噴流 jet stream 風速很強的高空風(時速為 120 至 240 公里)。

輻合 convergence 某區域風的分布造成水平方向空氣流入該區。由於低層輻合伴隨空氣垂直向上運動,因此具有輻合風場的區域便容易形成雲和降水。

輻散 divergence 某區域風的分布造成水平方向空氣流出該區。低層輻散造成的空缺由高層空氣下移來補充,因此具有輻散風場的區域不利於雲的生成和降水。

轉杯風速計 cup anemometer 用來測定風速的儀器。

1. 什麼是標準海平面氣壓？請分別以毫巴、公分汞柱為單位來表示。

2. 水銀比水重十三倍。如果要利用水取代水銀來製作氣壓計，至少需要多高的管子才能記錄標準海平面氣壓（單位為公分水柱）？

3. 請敘述空盒氣壓計的原理。

4. 產生風的力是什麼？

5. 請歸納並寫出等壓線的間距和風速的關係。

6. 科氏效應如何影響空氣的運動？

7. 地面風和高空風在風速和風向上有何區別？

8. 請敘述氣壓下降和氣壓上升時，通常伴隨何種天氣。

9. 請畫出北半球和南半球的等壓線和風矢圖，來說明伴隨地面氣旋和反氣旋的風。

10. 如果你住在北半球，正好位在氣旋的西邊，風向最有可能會是如何？如果正好位在反氣旋的西邊，最可能的風向又是如何？

11. 下列的問題和氣壓與風的全球型態有關。

    a. 信風帶是從何種氣壓區輻散出來的？

    b. 何種盛行風帶在多風暴的極鋒區輻合？

    c. 赤道伴隨何種氣壓區？

12.高空氣流對地面氣壓系統有何影響？

13.請敘述台灣的季風環流。

14.什麼是局部風？請舉出三個例子。

15.東北風是指風從______（方向）吹向______（方向）。

14

天氣型態與劇烈天氣

學習焦點

留意以下的問題，
對掌握本章的重要觀念將相當有幫助：

1. 什麼是氣團？
2. 氣團如何分類？伴隨各種氣團類型的主要天氣為何？
3. 什麼是鋒面？暖鋒和冷鋒有何不同？
4. 中緯度主要的「天氣製造者」是什麼？
   伴隨這些系統的天氣型態為何？
5. 什麼樣的大氣狀態會產生雷雨、龍捲風和颱風？

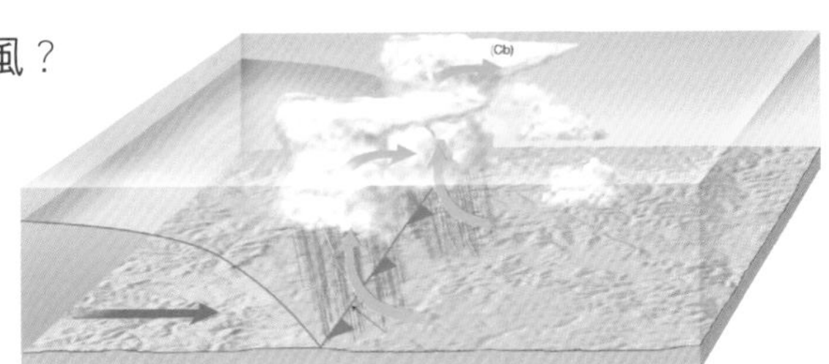

龍捲風和颱風是最具破壞力的自然現象。每年春季，國際新聞都會報導一連串龍捲風肆虐過後所造成的死亡慘劇與滿目瘡痍。在晚夏與秋季，又常會聽到關於颱風的新聞報導。雷雨的強度雖然不如龍捲風和颱風那麼強烈，但更常發生，仍屬本章所要討論的劇烈天氣的一部分。不過，在探討劇烈天氣之前，我們必須先學習那些最常影響日常天氣的大氣現象：氣團、鋒面和移動的中緯度氣旋。我們還將探討在第 11 至 13 章中討論過的天氣要素如何交互作用。

氣團

許多居住在中緯度（也包括美國大部分地區）的人，對於夏季的熱浪和冬季的寒流都很有經驗。以熱浪來說，連日的高溫天氣和悶熱的溼度，可能最後會因為一系列的雷雨而結束，為當地帶來幾天涼爽舒適的天氣。相反的，通常伴隨著一連串零度以下酷寒天氣的晴空，可能會遭灰暗的濃厚雲層及降雪取代，溫度和幾天前相較，也顯得溫暖許多。在這兩個例子中，同樣都是一段大同小異的穩定天氣狀況，接著一段相對短時間的變化，然後又重新建立新的天氣狀況，也許持續幾天之後又再度變天。

什麼是氣團？

上述的天氣型態是大型空氣塊（稱為氣團）移動的結果。顧名思義，**氣團**為巨大的空氣塊，基本上寬度為 1,600 公里或更寬，厚度可能有幾公里，特徵為任何高度都具有相似的溫度和溼度。當這團空氣移出其發源地時，會把它的溫度和溼度狀態帶到各地，致使大半地區受到影響。

有一個絕佳的例子可用來說明氣團的影響，圖 14.1 顯示一寒冷乾燥的氣團從加拿大北部向南移動。剛開始溫度為零下 46℃，到達溫尼伯時，氣團溫度變暖成為零下 33℃，氣團向南移動，經過北美大平原到達墨西哥，溫度也一路升高。在這段南移的旅程中，氣團變得較暖，但也為沿途經過的地區帶來冬季最冷的天氣。氣團的性質改變，同時也改變了沿途所經之地的天氣。

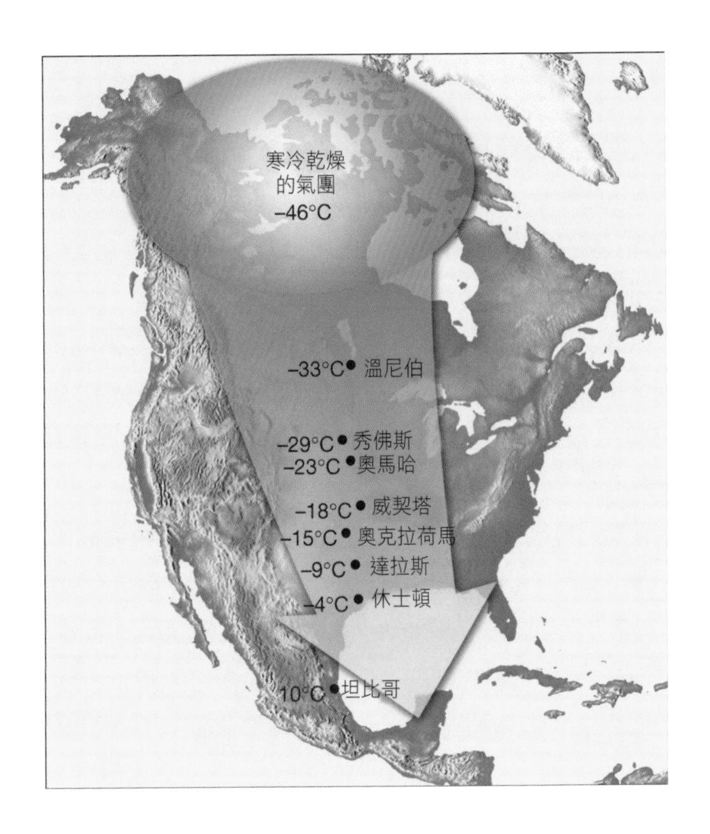

圖 14.1　當這股寒冷的加拿大氣團向南移動，也帶來冬季最冷的天氣。

氣團的水平性質當然並非完全一致，因為氣團延伸區域廣大，各地的溫度和溼度難免會有些微差異。不過，在氣團裡觀察到的差異，比氣團邊界附近的急遽轉變要小得多。

由於氣團移動經過某地區可能需要好幾天，受其影響的地區也許會有相當穩定的天氣，這種情形稱為**氣團天氣**。當然天氣還是會有逐日的變化，但是這與氣團相鄰時的天氣變化，情況大為不同。

氣團的概念很重要，因為這與大氣擾動的研究有密切關係。中緯度大部分的擾動，都是沿分隔不同氣團的邊界區域產生的。

源地

當低層大氣某部分緩慢移動或滯留在起伏不大的地面上方，空氣應會呈現該地區獨有的特性，特別是溫度和溼度狀況。

氣團獲得其溫度和溼度特性的地區，稱為**源地**。影響北美的氣團源地如圖 14.2 所顯示。

氣團可根據其源地來分類。**極地氣團**（P）和**北極氣團**（A）發源於地球極區附近的高緯度地區，而發源於低緯度地區的氣團稱為**熱帶氣團**（T）。極地、北極或熱帶等名稱用來表示氣團的溫度特徵，極地和北極表示寒冷，熱帶表示溫暖。

另外，氣團也可根據其源地的地面性質來分類。**大陸氣團**（c）發源自陸地之上，**海洋氣團**（m）則發源自海洋之上。從大陸或海洋等名稱可看出氣團的水氣特徵，大陸的空氣較乾燥，海洋的空氣較潮溼。

根據這種分類法，氣團的基本類型可分為極地大陸（cP）、北極大陸（cA）、熱帶大陸（cT）、極地海洋（mP）、以及熱帶海洋（mT）氣團。

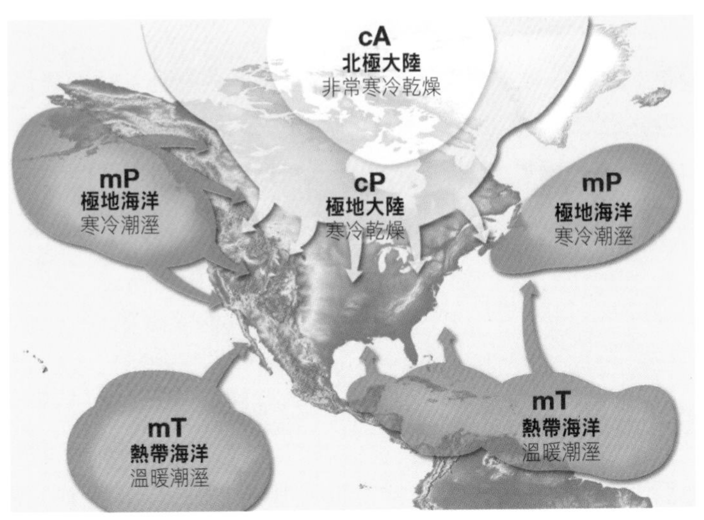

A. 冬季型態

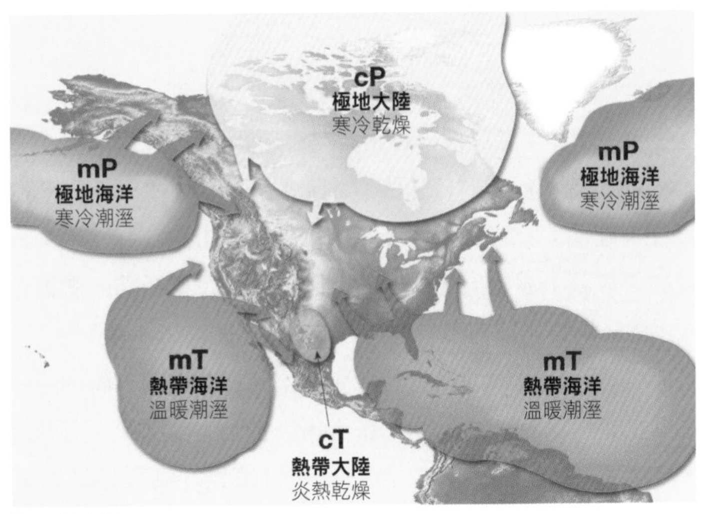

B. 夏季型態

圖14.2 北美的氣團源地。源地主要局限在副熱帶和副極地區域。中緯度為冷、暖氣團交會的地區，通常是由於移行氣旋的輻合風場將它們拉攏在一塊，言下之意，這個區域缺少成為源地的必要條件。極地氣團和北極氣團的差異相當小，只是用以表示個別氣團的寒冷程度。比較冬季（A圖）和夏季（B圖），清楚可見其範圍及溫度特性的變動。

你知道嗎？

當來自加拿大北極地區的寒冷氣團快速移入北美大平原北部時，溫度曾經在幾個小時內就急降 20 至 30℃。有一個顯著的例子發生於 1916 年 1 月 13 至 24 日，地點在美國蒙大拿州的布朗寧（Browning），當時溫度在二十四小時之內急降 55.5℃，從 6.7℃降至零下 48.8℃。

伴隨氣團的天氣

影響北美天氣最多的是極地大陸氣團和熱帶海洋氣團，在洛磯山脈以東更是如此。極地大陸氣團發源自加拿大北部、阿拉斯加內陸和北極，這一大片地區在冬季時寒冷而乾燥，在夏季時則涼爽而乾燥。冬季時，一股伴隨極地大陸空氣的寒潮，從加拿大南移入侵美國，帶來晴空和寒冷的氣溫。夏季時，這種氣團可帶來幾天涼爽的天氣。

雖然 cP 氣團一般不會伴隨強烈的降水，但在晚秋和冬季，當 cP 氣團穿越北美五大湖區，有時會為迎風岸帶來降雪。這些區域性風暴形成時，通常在地面天氣圖上看不出暴風雪的明顯原因。這種所謂的**湖泊效應雪**，使水牛城、洛契斯特和紐約市名列全美下雪最多的城市（圖 14.3）。

是什麼原因造成湖泊效應雪？從晚秋到初冬期間，湖泊與鄰近陸地地區的溫度可能相差懸殊*。當 cP 氣團向南推進穿越湖泊時，氣溫差異可能特別顯著，若發生這種情形，空氣會從相對較暖的湖面獲得大量的熱和水氣，等到氣團到達湖泊對岸時，會變得潮溼而不穩定，便很容易產生大雪。

★ 記得陸地降溫比水面快，所以溫度較低。請參閱第 3 冊第 11 章「溫度為什麼會變化：溫度的控制」一節中關於「陸地和水」的討論。

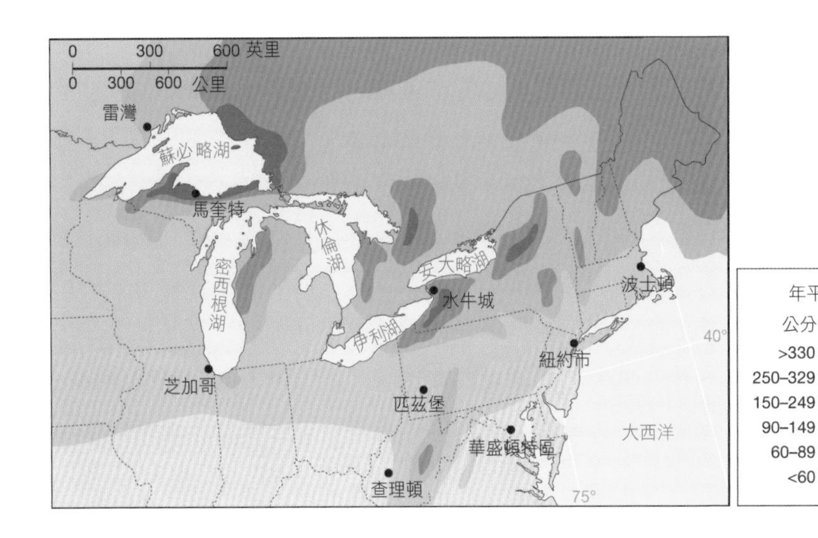

圖14.3　在這幅雪量圖上，很容易可看出北美五大湖區的降雪帶。

影響北美的熱帶海洋氣團通常源自墨西哥灣、加勒比海或鄰近的大西洋溫暖水域。一如預期，這些氣團都是溫暖而飽含水氣，而且通常不穩定。熱帶海洋上的空氣，是美國東半部三分之二地區大部分降水的主要來源。夏季時，當 mT 氣團侵入美國中部和東部，偶爾還進到加拿大南部，帶來了具有源地特性的高溫和悶熱的溼度。

剩下的兩種氣團：極地海洋氣團和熱帶大陸氣團，後者對北美天氣的影響最小。夏季期間，炎熱而乾燥的熱帶大陸空氣發源自美國西南部和墨

紐約州的水牛城位在伊利湖的東部沿岸（見圖 14.3），以其湖泊效應雪而聞名。最有名的一次大雪發生在 2001 年 12 月 24 日與 2002 年 1 月 1 日之間，該次的風暴創下湖泊效應雪持續時間最長的紀錄，整個水牛城被埋在 207.3 公分的大雪中。在此風暴之前，整個 12 月的降雪紀錄為 173.7 公分。

西哥，只會偶爾影響源地以外地區的天氣。

冬季期間，來自北太平洋的極地海洋氣團，往往是源自於西伯利亞的極地大陸氣團。寒冷而乾燥的 cP 空氣在穿越北太平洋的漫長旅程期間，變性為相對溫和、潮溼、不穩定的 mP 空氣。當這股 mP 空氣到達北美西岸時，通常會伴隨低雲和陣雨。這股空氣繼續前進移往內陸，遇到西部山脈時，地形舉升使山脈迎風面產生強烈降水或降雪。極地海洋空氣也會源自加拿大東岸之外的北大西洋，並偶爾會影響美國東北部的天氣。在冬季，當新英格蘭地區在移行低壓的北邊或西北邊時，逆時針方向的氣旋風會把極地海洋空氣帶進來，結果造成具有低溫和降雪特徵的風暴，在當地稱為東北大風（nor'easter）。

鋒面

鋒面是分隔不同氣團的交界，其中一個氣團比另一氣團暖，且通常溼度也較高。任何兩種截然不同的氣團之間，都可形成鋒面。由於牽涉到的氣團範圍甚廣，鋒面顯得相當狹窄，約為 15 到 200 公里寬的不連續地帶。以天氣圖的尺度而言，一般都把狹長的鋒面看成是一條寬線。

在地表上方，鋒面的傾斜角度很低，因此較暖空氣可凌駕於較冷空氣之上（圖 14.4）。在理想情況下，鋒面兩邊的氣團，移動方向和速率都一致，如此一來，鋒面就只是一個交界面，夾在兩個截然不同的氣團之間隨其移動而已。然而事實上，鋒面某一邊的氣團，相較之下往往會比另一邊的氣團移動得快，因此，一邊的氣團會積極推進另一邊，進而互相「衝突」。事實上，這些氣團交界處會稱為鋒面，是在第一次世界大戰期間由挪

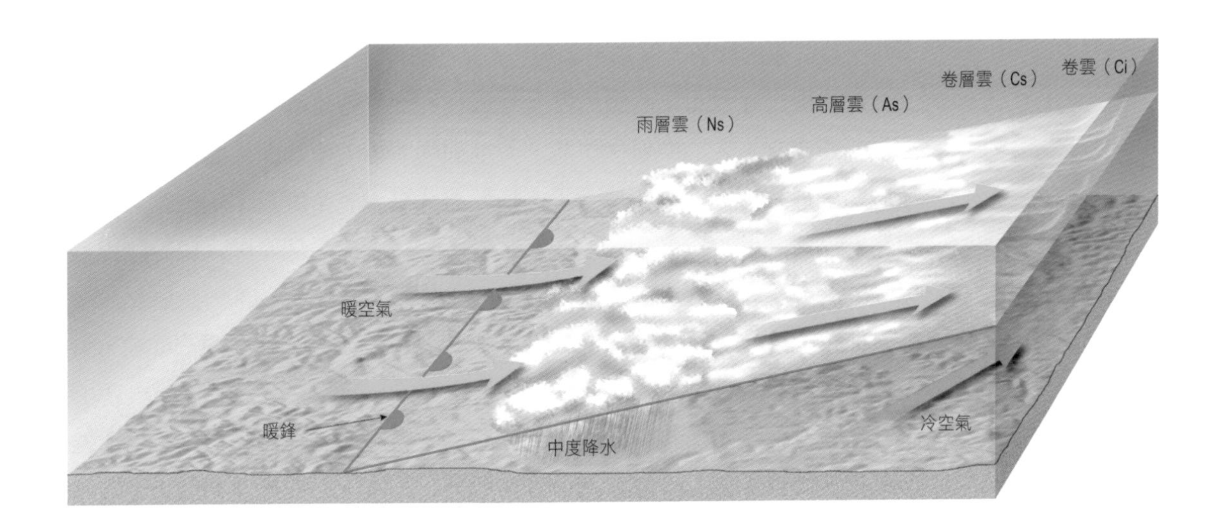

圖14.4　當暖空氣上滑至冷氣團之上，便形成暖鋒。在地面鋒面幾百公里之內會有中度降水。

威的氣象學家命名的，他們把鋒面視為兩軍對壘的戰線。在中緯度，氣旋環流（低壓中心）便沿著這些「戰場」發展起來，並產生許多降水及劇烈天氣。

當一氣團向另一氣團推進，沿著鋒面會產生有限度的混合，但是大致上來說，當一氣團凌駕於另一氣團之上時，氣團仍各自維持獨具的特性。無論是哪一個氣團推進，總是較暖（密度較小）的空氣被迫舉升，較冷（密度較大）的空氣在舉升發生時，則扮演楔子的角色。**上滑**一詞通常是指暖空氣沿冷空氣向上滑行。我們接著來看各種不同類型的鋒面。

暖鋒

當鋒面在地面上的位置移動、使暖空氣占據原先由冷空氣覆蓋的範圍時，這個鋒面稱為**暖鋒**（圖 14.4）。在天氣圖上，暖鋒的地面位置以紅線和指向較冷空氣的紅色半圓形來顯示。

在洛磯山脈以東，溫暖的熱帶空氣往往從墨西哥灣進入美國，然後上滑至冷空氣之上。冷空氣後退時，與地面的摩擦力使鋒面地面位置的移動減緩，變得比鋒面的高空位置慢。換個方式來說，密度較小的暖空氣想要取代密度較大的冷空氣，卻發現沒那麼容易。由於這個原因，使分隔這些氣團的交界斜率顯得相當平緩。暖鋒的平均斜率約為 1：200，也就是說，如果你在暖鋒的地面位置前方 200 公里處，你將會在上空 1 公里高的地方發現鋒面。

當暖空氣凌駕於後退的冷空氣楔時，會膨脹而進行絕熱冷卻，產生雲和頻繁的降水。圖 14.4 顯示的一連串的雲，基本上位在暖鋒的前方。暖鋒接近的第一個徵兆，就是出現在頭頂上的卷雲。這些高雲在地面鋒面之前 1,000 公里或更遠處形成，該處上滑的暖空氣已高高凌駕在冷空氣楔之上。

當鋒面接近，卷雲逐漸轉變為卷層雲，卷層雲並與較濃密的高層雲融為一體。大約在鋒面前方 300 公里處，會出現較厚的層雲和雨層雲，並且開始下雨或下雪。因為暖鋒推進的速率緩慢且斜率很低，通常會產生大範圍的小到中度降水，且持續時間有點長。然而，當上滑的空氣不穩定，且鋒面兩側的溫度差異極為懸殊時，暖鋒偶爾也會伴隨積雨雲和雷雨。另一種極端情形，則是暖鋒伴隨乾燥的氣團，當其經過時，地面可能毫無動靜。

暖鋒經過時，溫度會逐漸上升，當鄰近兩氣團之間的溫度差很大時，溫度升高最明顯。逼近的暖氣團，本身的水氣含量和穩定度，可主宰何時再度出現晴朗的天空。夏季期間，積雲（偶爾積雨雲）會置身於緊隨鋒面之後的不穩定暖氣團中，這些雲可能產生強烈降水，但通常零星散布且時間短暫。

冷鋒

當密度大的冷空氣積極推進至原先由暖空氣占據的區域時，其交界稱為**冷鋒**（圖 14.5）。和暖鋒類似，摩擦力會減緩冷鋒地面位置的移動，使它的移動慢於鋒面的高空位置。然而，由於鄰近氣團相對位置的關係，冷鋒移動時會愈來愈陡。平均來說，冷鋒的斜率約為暖鋒的兩倍，也就是約為 1：100。另外，冷鋒的前進速率約為每小時 35 至 50 公里，暖鋒則約為每小時 25 至 35 公里。這兩個差異：移動速率和斜率陡峭的程度，是冷鋒所伴隨的天氣特性比暖鋒的更為劇烈的主要關鍵。

冷鋒接近時，一般會從西方或西北方來，遠遠就可看見高聳的雲團。在鋒面附近，陰暗的雲帶預示即將接踵而至的天氣。沿著冷鋒的空氣舉升往往又強又快，水氣凝結時的潛熱釋放，會明顯的增加空氣浮力。成熟的

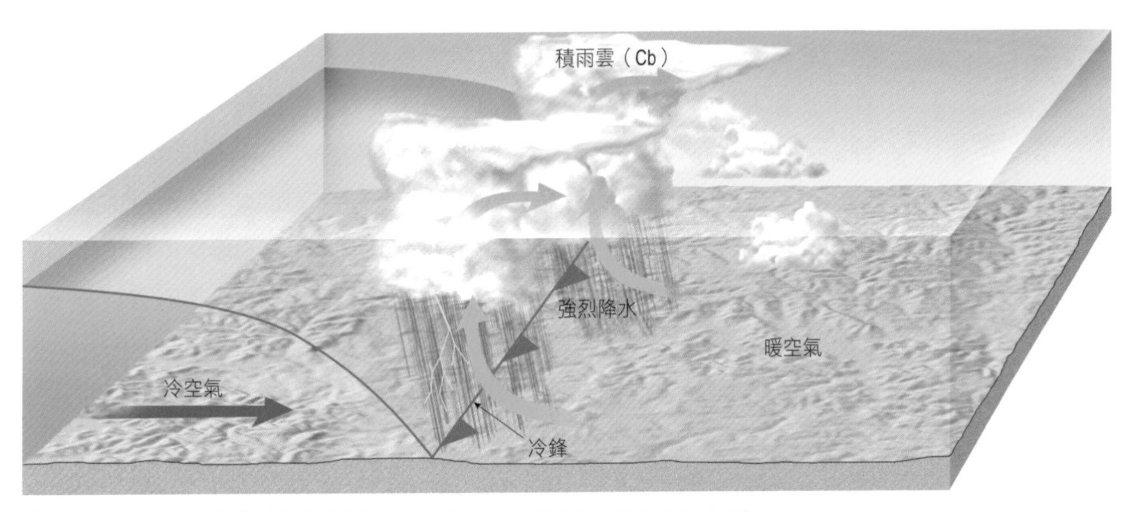

圖14.5 快速移動的冷鋒和積雨雲。如果暖空氣不穩定，可能會產生雷雨。

積雨雲通常會伴隨傾盆大雨和強烈的陣風。冷鋒產生的舉升和暖鋒不相上下，但是發生的距離較短，因此降水強度大得多，不過持續的時間也較短。另外，溫度會明顯下降，隨著鋒面經過，風向也從南風轉變成西風或西北風。沿著冷鋒不時產生的劇烈天氣和懸殊的溫度差異，在天氣圖上的符號是以藍線和藍色三角形來表示，三角形指向較暖的氣團（圖 14.5）。

冷鋒之後的天氣由下沉且相對較冷的氣團主宰，因此通常鋒面過後不久就會開始放晴。雖然空氣由於下沉壓縮，會有一些絕熱增溫，但對地面溫度的影響不大。在冬季，冷鋒過後，漫長無雲的夜晚常會造成較多的輻射冷卻，使地面溫度降低。冷鋒移動至相對較暖的地區上方時，地面的加熱會產生淺對流，接著也許會使鋒面後方生成低低的積雲或層積雲。

滯留鋒和囚錮鋒

有時候，鋒面兩側的氣流既不朝向冷氣團也不朝向暖氣團，而是幾乎平行於鋒面的線，因此鋒面的地面位置不會移動，這種情況稱為**滯留鋒**。在天氣圖上，滯留鋒的符號在鋒面的一邊為藍色三角形，另一邊為紅色半圓形。有時沿著滯留鋒會有一些上滑產生，可能會造成輕微到中度降水。

第四類鋒面為**囚錮鋒**：活躍的冷鋒趕上暖鋒，如圖 14.6 所示。當前進的冷空氣把暖鋒推擠向上，一道新的鋒面出現於前進的冷空氣和暖鋒所上滑的空氣之間。囚錮鋒的天氣往往很複雜，大部分的降水伴隨著被迫升高的暖空氣。然而在適當情況下，新形成的鋒面也有機會引發本身的降水。

提到各種鋒面所伴隨的天氣時，務必要小心謹慎，雖然前面所討論的內容，有助於認識鋒面所伴隨的天氣型態，別忘了這些敘述都是綜合性的，沿著任何個別鋒面產生的天氣，可能會、也可能不會完全符合理想狀況。如同所有的自然現象，鋒面絕不會輕易照著我們所想的那樣分門別類。

B.

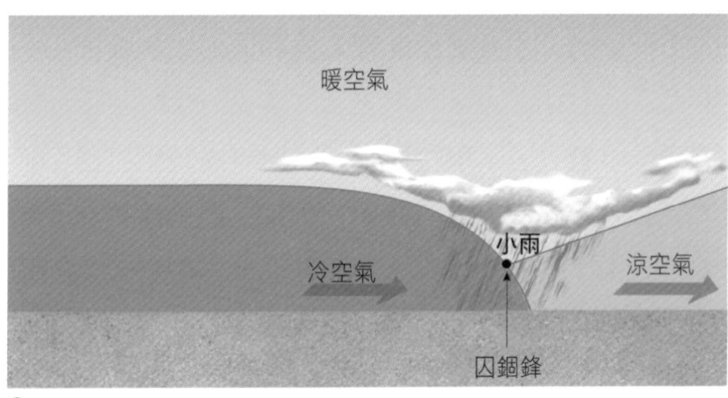

C.

圖14.6　囚錮鋒的形成階段。於此例中，冷鋒後方的空氣比暖鋒前方的涼空氣還冷（密度較大），結果冷鋒推擠暖鋒，把暖鋒抬高。

中緯度氣旋

到目前為止，我們已經探討過天氣的基本要素，以及大氣運動的動力機制。我們將要應用這些各式各樣現象的知識，來理解中緯度的日常天氣型態。這裡的中緯度是指美國佛羅里達州南部與阿拉斯加州之間的區域，該處主要的「天氣製造者」為**中緯度氣旋**。在天氣圖上，例如氣象頻道所使用的那些天氣圖，都是以L來表示低壓系統。

中緯度氣旋是大型的低壓中心，一般都是由西向東移動（圖 14.7）。持續時間從幾天到超過一星期，這些天氣系統帶有逆時針方向環流，氣流向內朝中心流入。大多數的中緯度氣旋也都帶有冷鋒，從低壓的中心區域向外延伸，也經常帶有暖鋒。輻合和強迫舉升促使雲發展起來，往往造成豐沛的降水。

早在十九世紀，便已知中緯度氣旋為降水及劇烈天氣的孕育者。但是直到二十世紀初，才發展出解釋氣旋如何形成的模式。一群挪威氣象學家把該模式公式化並於 1918 年發表，該模式主要是從近地面的觀測得到的。

這麼多年過去了，現在從中、高對流層及衛星影像獲得的資料更容易取得，有必要對該模式做些修正。不過，這個模式在詮釋天氣時仍是相當有用的工具。如果能把該模式熟記於心，在觀察天氣的變化時，就不會對天氣的轉變感到驚訝了。在看似毫無秩序的情況中，你應該可以開始看出一些端倪，甚至偶爾能夠「預測」即將逼近的天氣。

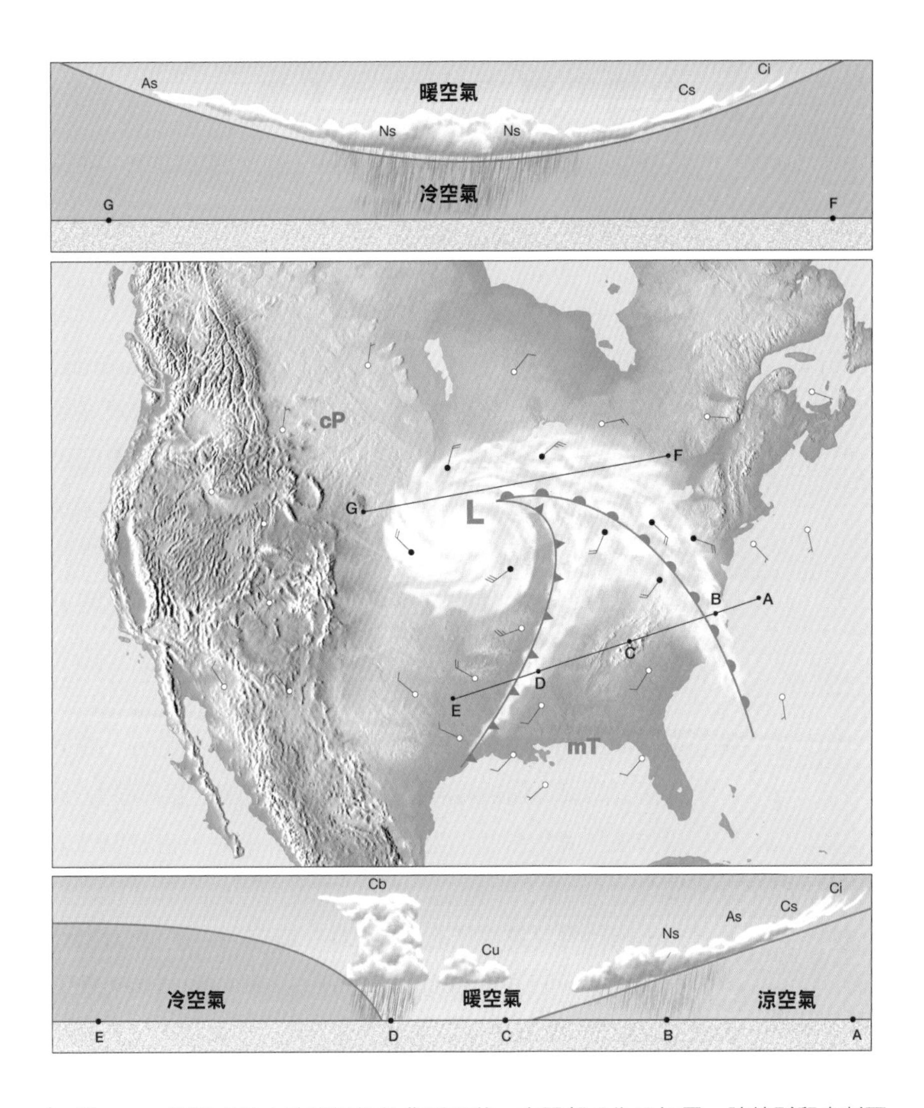

圖14.7　伴隨成熟中緯度氣旋的典型雲狀。中間部分為天氣圖，請特別留意剖面（F—G，A—E）。上圖為沿著直線F—G的垂直剖面，下圖為沿著直線A—E的垂直剖面。雲的簡寫請參考圖14.4與圖14.5。

中緯度氣旋的理想天氣

中緯度氣旋模式為研究中緯度的天氣型態提供了一個有用的工具。圖 14.7 說明雲的分布情形，以及伴隨成熟系統可能的降水區域。從圖中很容易看出，為何我們常說中緯度氣旋的雲狀像是標點符號裡的「逗點」。

氣旋一般由高空的西風帶導引，向東移動穿越美國，所以我們可預期它們到達西邊時的第一個徵兆。然而，通常在密西西比河谷地區，氣旋路徑開始朝向東北，有時也會直接向東移動。典型的中尺度氣旋需要二到四天才能完全越過某個地區，在這段短暫的期間，大氣狀況可能會有突如其來的轉變。在冬季和春季尤其如此，此時整個中緯度的溫度差異最大。

以圖 14.7 為指南，我們來看看這些天氣製造者，當它們移動通過某地區時，可能將會有什麼樣的天氣。為了幫助我們討論，圖 14.7 中包含直線 A — E 和 F — G 兩個剖面。

- 想像當你沿 A — E 剖面移動時的天氣變化。在點 A，看見高高的卷雲是氣旋接近的第一個徵兆。這些高雲可能超前地面鋒面 1,000 公里或更遠，而且通常伴隨氣壓逐漸降低。當暖鋒前進時，會發現雲層愈來愈低、愈來愈厚。
- 通常在開始看見卷雲後的 12 至 24 小時之內，就會有輕微降水（點 B）。鋒面接近時，降水率增加、溫度升高，風向開始從東風或東南風轉為南風或西南風。
- 隨著暖鋒通過，該地區將受到熱帶海洋氣團的影響（點 C）。一般來說，受到氣旋這個部分影響的地區，溫度較高，風向為南風或西南風，且通常是晴空，但晴天積雲和高積雲也很常見。
- 暖區相對較溫暖而潮溼的天氣迅速通過，取而代之的是沿冷鋒生成的陣風和降水。快速前進的冷鋒接近時，會出現一道陰暗的雲牆（點 D）。伴隨強烈降水、冰雹、偶爾還有龍捲風的劇烈天氣，在每年的冷鋒接近時最可能發生。冷鋒通過可由風的轉變得知，此時西南風轉變為西風到西北風，溫度也顯著降低。另外，氣壓逐漸上升，代表鋒後為下沉的涼爽而乾燥的空氣。

- 一旦鋒面通過，較涼的空氣湧入、天空放晴（點 E），幾乎無雲的蔚藍晴空往往會持續一到兩天，除非有另一個氣旋又移近該地區。

圖 14.7 中，在風暴中心北邊沿剖面 F — G 的區域，會有一組完全不同的天氣狀況。通常風暴會在該區達到其最大強度，而沿剖面 F — G 的區域將受到風暴的侵襲摧殘。系統通過期間仍維持低溫，在冬季期間可能會發展成強烈的降雪、冰珠、和（或）凍雨。

高空氣流的角色

早期研究中緯度氣旋時，對於中、高對流層的氣流性質所知不多。從那時以來，地面擾動和高空氣流之間就建立了密切關係。高空氣流在維持氣旋和反氣旋環流上扮演了很重要的角色，事實上，這些旋轉的地面風系統的確多半是由高層氣流所產生的。

記得氣旋（低壓中心）周圍的氣流向內流入，因而導致質量輻合（空氣聚集，圖 14.8）。空氣累積的結果，必定伴隨地面氣壓相對升高，因此低壓系統應該會很快「填滿」而消失，就像打開咖啡真空罐時，真空狀態迅速消散一般。然而這種情形並未發生，相反的，氣旋往往可維持一星期或更久。既然如此，高層某處必定有質量外流來補償地面輻合才行（圖 14.8），只要高空的輻合（空氣向外散開）等於或大於地面內流，便可維持

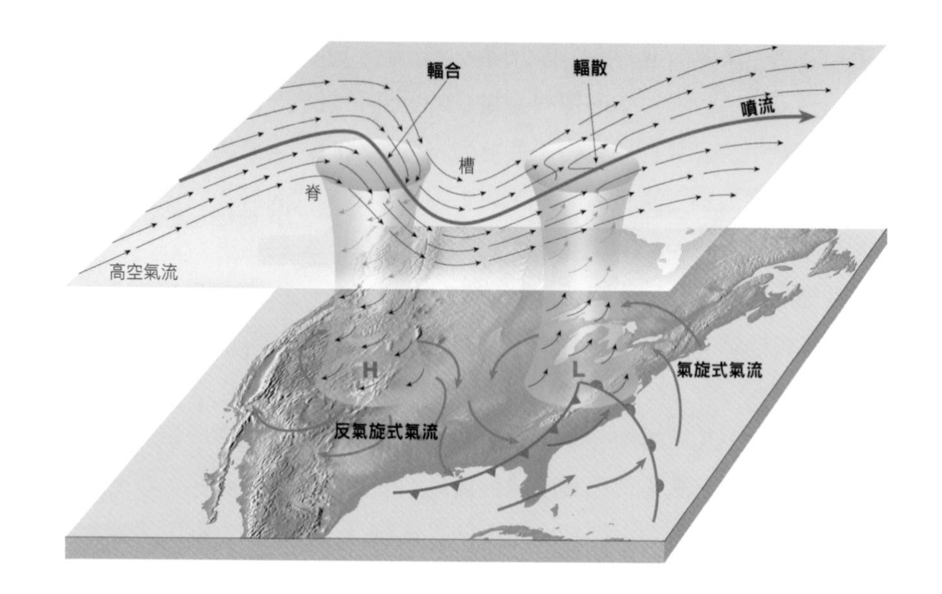

圖14.8　描述高空輻合與輻散如何維持地面氣旋與反氣旋環流的理想圖。
高空輻散引發空氣向上運動、地面氣壓降低及氣旋式氣流。相反的，沿噴流的高空輻合造成整層空氣柱下沉、地面氣壓升高及反氣旋式的地面風。

低壓和所伴隨的輻合。

由於氣旋是風暴天氣的孕育者，所以比反氣旋受到更多矚目。不過，兩者關係密切，很難將這兩種氣壓系統分別探討。例如供應氣旋的地面空氣，往往是源自反氣旋的空氣外流而來。因此，氣旋和反氣旋基本上總是形影不離。和氣旋一樣，反氣旋也需依賴高層的氣流來維持其環流，地面的輻散要靠高空輻合和整層空氣柱下沉，才能達到平衡（圖 14.8）。

必也正名乎？

到目前為止，我們已仔細探討中緯度氣旋，它在日常天氣變化上扮演相當重要的角色。不過*氣旋*一詞往往令人困惑，對許多人來說，氣旋只是代表強烈的風暴，像是龍捲風或颱風。例如，當颱風在印度或孟加拉盡情肆虐時，通常媒體報導會稱其為氣旋（在當地，氣旋指的就是颱風）。

同樣的，龍捲風在某些地方也稱為氣旋。這種慣例在美國的大平原的部分地區特別普遍。記得在電影「綠野仙蹤」中，一個氣旋把主角桃樂斯的房子從堪薩斯州的農場帶到歐茲國。雖然颶風和龍捲風的確是氣旋，但是絕大部分的氣旋卻不是颶風或龍捲風。氣旋一詞僅僅代表任何低壓中心的周圍環流，無論範圍多大或強度多強。

龍捲風和颱風都比中緯度氣旋小且劇烈，中緯度氣旋的直徑可達 1,600 公里或更大，反觀颱風的平均直徑只有 600 公里，而龍捲風的直徑更只有 0.25 公里，小到連在天氣圖上都看不出來。

雷雨是較熟悉的天氣事件，有必要與龍捲風、颱風和中緯度氣旋做個區別。不同於這些風暴的氣流，伴隨雷雨的環流特徵為強烈的垂直上下運動。雷雨附近的風並沒有氣旋的螺旋狀內流，但基本上為強勁的陣風，且風向非常多變。

雖然雷雨的形成「自成一格」，與氣旋式風暴不同，但它們也會和氣旋同時形成。舉例來說，雷雨經常沿中緯度氣旋的冷鋒孕育而生，在罕見的情形下，龍捲風有可能從雷雨的高聳積雨雲中由天而降。颱風也會產生大範圍的雷雨天氣，因此，雷雨和此處所提到的這三種氣旋多少都有關連。

氣象學家用來稱呼中緯度氣旋的另一個名稱為溫帶氣旋，
溫帶是指「熱帶以外」。
反之，颶風、颱風和熱帶風暴形成於較低緯度，
屬於熱帶氣旋。

雷雨

雷雨為本章我們所要探討的三類劇烈天氣中的第一類，後續章節將介紹龍捲風和颶風（與颱風）。

劇烈天氣的威力是日常天氣現象無法比擬的。暴風雨產生的閃電和轟隆雷聲總是壯觀無比，令人又驚又怕（圖 14.9）。當然颶風和龍捲風也同樣非常受人矚目，單單一個龍捲風爆發或颶風來襲，便可能奪走許多人命及造成數十億的財產損失。一年之中，美國所經歷的強烈暴風雨可達數千次，洪水和龍捲風約有數百起，並有數個颶風侵襲。

圖14.9 閃電會產生雷聲，而且閃電的放電使空氣過熱，溫度在不到一秒之內，就驟升 33,000℃，空氣受熱如此迅速，會膨脹爆裂而產生我們所聽到的雷聲。
（Photo by iStockphoto/Thinkstock）

雷雨的發生

大家幾乎都曾看過，由相對溫暖且不穩定空氣的垂直運動，造成的各種小尺度現象。或許你曾見過，在炎熱的日子裡，操場上的塵捲風把沙塵高高捲起、四處飛揚。又或許你曾留意過，鳥兒在空中毫不費力，滑翔在一團隱形的熱氣流之上。這些例子都可說明，發生於雷雨發展期間的熱力不穩度。

簡單的說，**雷雨**就是會產生閃電和雷鳴的風暴。雷雨經常會造成陣風、大雨和冰雹，可能由單獨一朵積雨雲生成，只影響小範圍地區，或是伴隨一大簇積雨雲，因而覆蓋較大的區域。

當溫暖潮溼的空氣在不穩定的環境中上升，便形成雷雨。有幾種不同的機制，可以引發必要的空氣上升運動，因而生成製造雷雨的積雨雲。其中一種機制為地表的受熱不均，它對氣團雷雨的形成貢獻卓著。這些風暴伴隨著四處散布且蓬鬆的積雨雲，積雨雲通常在熱帶海洋氣團裡面形成，且在夏季白天時產生零星的雷雨。這種風暴一般壽命很短，很少產生強風或冰雹。

另一種雷雨不僅得益於地面受熱不均，還同時伴隨沿鋒面或山坡發生的暖空氣上升。再者，高空的輻散風也經常對這些風暴的形成有所貢獻，因為輻散風會把低層空氣從底下拉曳上來。這種雷雨有些可能會產生大風、有害的冰雹、暴洪和龍捲風，可算是劇烈風暴。

在任何時間，地球上正在發生的風暴估計約有 2,000 個。可想而知，在熱帶發生的數量最多，那裡既溫暖又富含豐沛的水氣，而且總是存在不穩度。全球每天約發生 4 萬 5 千場雷雨，每年共發生超過 1 千 6 百萬場雷雨，這些風暴中的閃電每秒鐘約襲擊地球 100 次（圖 14.10A）。每年美國經歷的

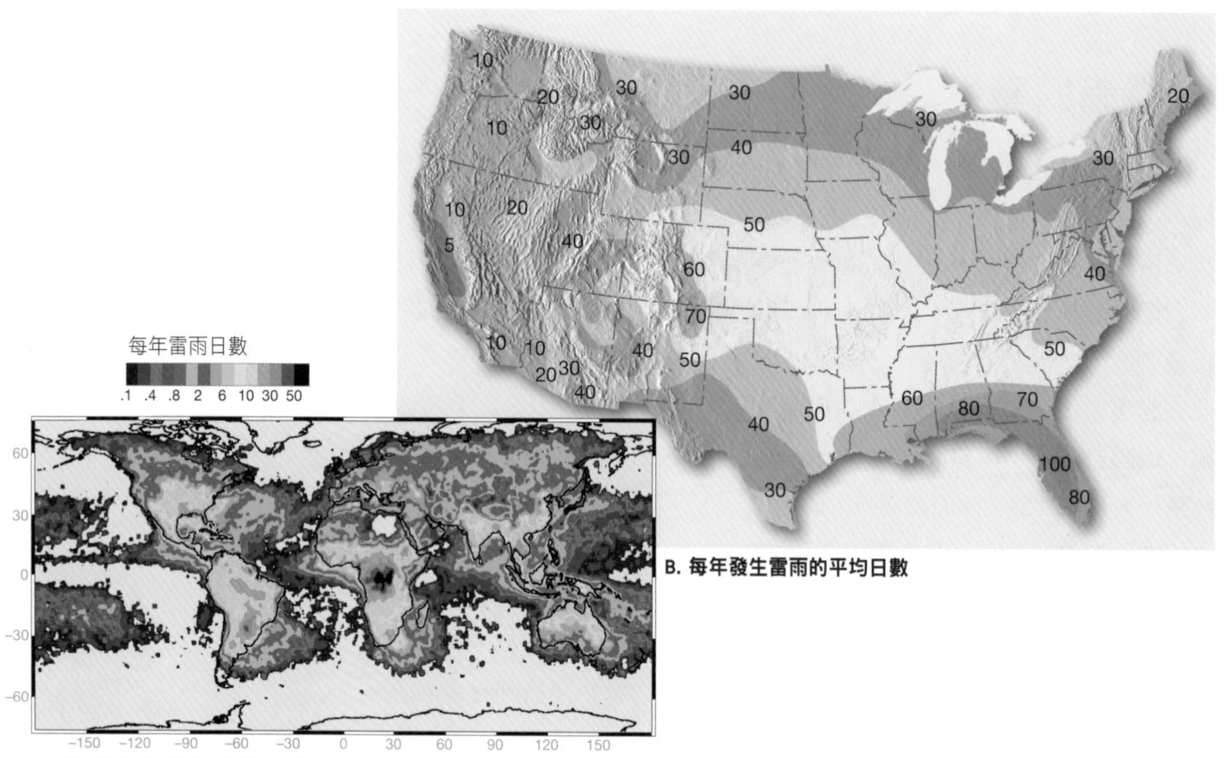

B. 每年發生雷雨的平均日數

圖14.10

A. 從太空光學感測器獲得的資料，顯示全球的閃電分布情形，不同顏色代表每年每平方公里平均發生的閃電次數。本圖所包含的資料是從1995年4月到2000年3月，NASA的光學瞬變探測器所測得的紀錄，以及NASA的閃電影像感應器從1997年12月到2000年11月的紀錄。這兩種儀器都是裝置在衛星上的感應器，利用高速照相機來偵測短暫的閃電光，即使在白天也沒問題。（NASA）

B. 美國各地每年發生雷雨的平均日數。美國東南部以潮溼的副熱帶氣候為主，所獲得的降水大多來自雷雨。東南部多數地區每年發生雷雨的平均日數至少有50天。（Environmental Data Service, NOAA）

由於閃電和雷聲同時發生，我們可估計閃電襲擊的地點有多遠。閃電馬上就可以看見，但是聲波傳送的速率較慢（每秒約為 300 公尺），所以比較晚才會到達我們所在之處。如果看見閃電之後 5 秒才聽見雷聲，表示閃電約發生在 1 千 5 百公尺外。

你知道嗎？

雷雨約有十萬個，閃電襲擊則有數百萬次之多。從圖 14.10B 的顯示看來，美國佛羅里達州和墨西哥灣岸區東部的雷雨最頻繁，那裡每年出現雷雨紀錄的天數為 70 到 100 天。其次是科羅拉多州和新墨西哥州的洛磯山脈東側地區，每年約 60 到 70 天會有雷雨發生。其他大部分地區每年出現雷雨的天數約為 30 到 50 天。很明顯，美國西部邊緣發生雷雨的機會很少，北部各州和加拿大也一樣，因為溫暖潮溼且不穩定的 mT 不常深入該處。

雷雨發展階段

所有的雷雨都需要溫暖潮溼的空氣，在舉升時，它們才能釋放足夠的潛熱來提供維持上升所需的浮力。此不穩度和伴隨的浮力可藉由幾種不同的過程來驅動，但大部分的雷雨生命史都很類似。

由於地面的高溫會加強不穩度和浮力，因此雷雨最常發生在下午及接近傍晚時（圖 14.11A）。然而，單是地面加熱，並不足以使積雨雲長得如此巨大高聳，由地面加熱所產生的單一上升熱空氣胞，頂多只會生成一朵小積雲，在十到十五分鐘之內就蒸發掉了。

積雨雲要發展到 12,000 公尺（或罕見情形下長到 18,000 公尺），必須源源不絕供應潮溼的空氣（圖 14.11B）。每一波新的暖空氣上升都要比原來的

圖 14.11A. 浮揚熱流經常產生晴天積雲，而這雲很快就會蒸發逸入周圍大氣，讓大氣變得較潮溼。若這種積雲發展又蒸發的過程持續發生，空氣最後會相當潮溼，於是新形成的雲便不再蒸發而是繼續成長。（Photo by Hemera/Thinkstock）

圖14.11B. 在伊利諾州中部上空，這朵發展中的高聳積雨雲，形成劇烈的8月雷雨。（Photo by E. J. Tarbuck）

更高，雲才會愈長愈高（圖 14.12）。這些上衝流有時需達到時速 100 公里以上，才能承擔把冰雹往上帶的重任。通常在一個小時之內，累積的雨滴或冰晶數量及體積太大，使上衝流無法負荷，因此在雲的某部分發展成下衝流，宣洩出強烈的降水。此時為雷雨最活躍的階段，會有強烈陣風、閃電、大雨，有時還會下冰雹。

當雲從頭到尾由下衝流占盡優勢時，上衝流便停止供應溫暖潮溼的空氣。降水落下時的冷卻作用，加上高空較冷空氣的湧入，代表雷雨就此結束。在雷雨複合體中，典型積雨雲胞的生命期約只有一小時，但是當風暴移動時，溫暖而富含水氣的新空氣又會產生新的雲胞，來取代那些已消散的積雨雲胞。

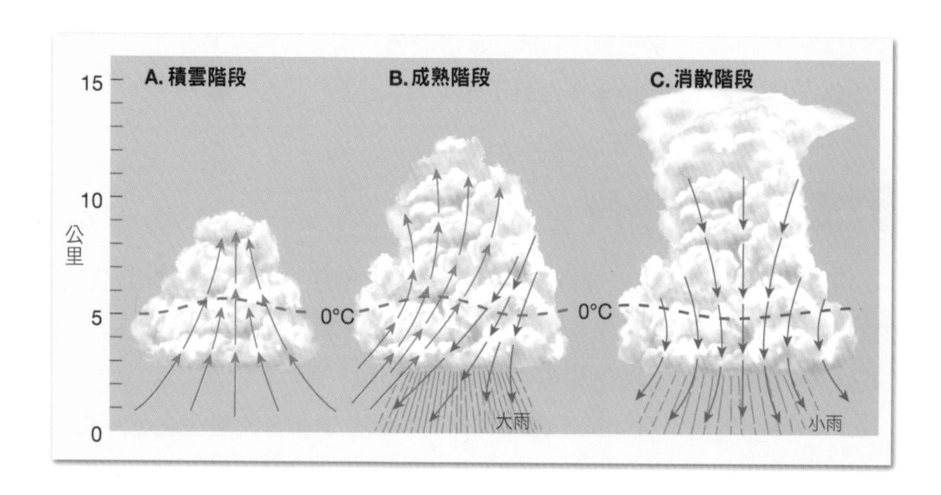

圖14.12 雷雨的發展階段。積雲階段期間，強烈的上衝流扮演建立風暴的角色。到了成熟階段，在風暴部分區域會有強烈的降水和冷下衝流。等到暖上衝流完全消失，降水就會變小且雲開始蒸發。

根據 1988 至 2007 年期間的官方資料，在美國每年平均有 53 人死於閃電。不過，據美國國家氣象局估計，每年確實死亡人數應該接近 100 人，因為許多與閃電相關的死亡並未公布。被閃電擊中者約有 10%會死亡，其餘 90%的倖存者中，許多人終生受病痛和殘疾所苦。

龍捲風

龍捲風是區域性的風暴，持續時間很短，在最具破壞力的自然現象中可算是名列前茅。這種偶爾出現而極其猛烈的風，每年都造成許多人喪生。龍捲風是非常強烈的風暴，其形式為從積雨雲底向下延伸的旋轉空氣柱或渦旋（vortex）。

據估計，有些龍捲風裡面的氣壓，可能比風暴外面的氣壓降低了百分之十。渦旋中心的氣壓更低，因而把近地面的空氣從四面八方飛快吸捲入龍捲風裡。空氣向內匯流時，會繞著中心螺旋向上，最後在高聳的積雨雲深處與母體雷雨中的氣流合併。由於伴隨強烈龍捲風的氣壓梯度非常大，最大風速有時可達每小時 480 公里。

有些龍捲風由單獨一個渦旋構成，但是在許多更強的龍捲風裡面，會有稱為吸氣渦旋的較小漩渦，在主要的渦旋內旋轉（圖 14.13）。吸氣渦旋的直徑只有約 10 公尺且旋轉非常快速。有時候會看到一棟建築物因龍捲風而幾乎全毀，但 10 公尺外的另一棟建築物卻只有些微損害，就是這種渦旋結構所造成的。

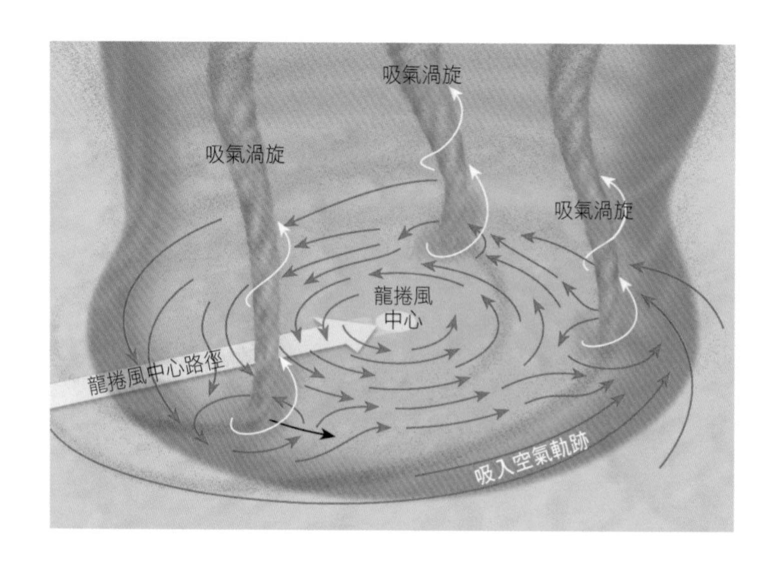

圖14.13 有些龍捲風具有多個吸氣渦旋。這些小而非常強烈的渦旋直徑約只有10公尺，於龍捲風中心周圍以逆時針方向的路徑移動。基於這種多渦旋的結構，有可能一棟建築物嚴重損毀，而10公尺外的另一棟建築物卻只受到輕微損害。

龍捲風的生成與發展

龍捲風伴隨劇烈風暴而形成，產生大風、大雨（有時是大豪雨），並且經常下起有害的冰雹。幸好，會產生龍捲風的雷雨不到百分之一。不過，有機會生成龍捲風而需要受監測的雷雨，數目比這個更多。雖然氣象學家還不確定是什麼機制引發龍捲風的形成，但龍捲風顯然是雷雨中的強烈上衝流和對流層風場之間交互作用下的產物。

任何產生劇烈天氣的情況都可能形成龍捲風，包括冷鋒和熱帶氣旋（颶風）。最強的龍捲風往往伴隨巨大的雷雨，也就是超大胞（supercell）而形成。在劇烈雷雨中，龍捲風形成的重要先決條件，就是中尺度氣旋（mesocyclone）的發展。中尺度氣旋為垂直的旋轉空氣柱，一般寬度約為 3 到 10 公里，發展於劇烈雷雨的上衝流中（圖 14.14）。這種大型渦旋的生成通常比龍捲風的生成早三十分鐘左右。

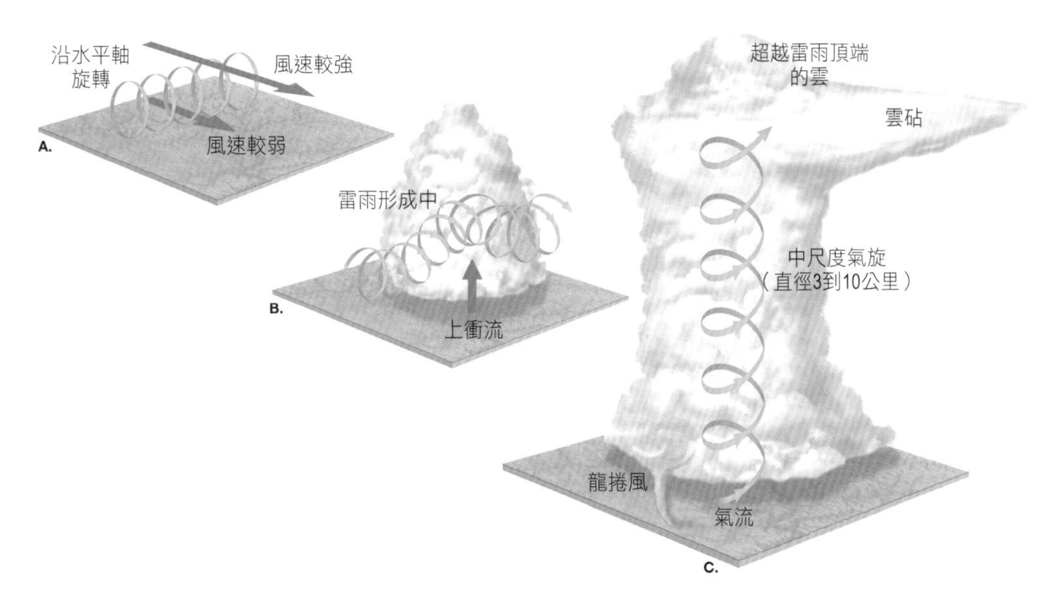

圖14.14 中尺度氣旋的形成通常早於龍捲風的形成。
A. 高空風比地面風強（稱為風速風切），產生繞著承平軸的旋轉運動。
B. 強烈的雷雨上衝流使水平旋轉的空氣傾斜，幾乎變成垂直。
C. 中尺度氣旋為垂直的旋轉空氣柱，已發展成型。

中尺度氣旋的形成並不代表龍捲風一定會緊接在後。只有約一半的中尺度氣旋會產生龍捲風，至於哪些中尺度氣旋會孕育出龍捲風，天氣預報人員也無法預先斷定。

一般大氣狀態

劇烈雷雨（包括龍捲風）最常沿著中緯度氣旋的冷鋒孕育而生，或是與超大胞雷雨結合。在整個春季，伴隨中緯度氣旋的氣團特性，最容易有懸殊的差異。從加拿大來的極地大陸空氣可能還很寒冷乾燥，而從墨西哥灣來的熱帶海洋空氣則是既溫暖、潮溼又不穩定。當這些氣團交會時，差

你知道嗎？

根據美國國家氣象局資料，
在 1988 年至 2007 年這二十年間，
龍捲風每年平均造成 54 人死亡。

異愈懸殊，風暴的強度就愈強。這兩種差異甚多的氣團，最容易交會於美國中部地區，因為該處無顯著的自然屏障，可把這土地與北極或墨西哥灣隔開。因此，該地區產生龍捲風的次數比全美國其他任何地方都要多，事實上也是全球之首。圖 14.15 的地圖中，顯示美國 27 年來的龍捲風發生率，可以證實此言不虛。

龍捲風氣候學

2000 年到 2009 年之間，美國每年平均約有 1,200 至 1,300 次龍捲風紀錄，儘管如此，每年的實際發生次數仍有很大的差異。例如在這十年中，2002 年發生的次數最少，共有 938 次；2004 年最多，總共發生 1,820 次。

一年之中，每個月都可能發生龍捲風。在美國，4 月到 6 月這段期間發生龍捲風的頻率最高，12 月到隔年 1 月間的數量最少（參考圖 14.15 插圖）。從 1950 年到 1999 年這五十年間，在美國本土四十八州有紀錄的 40,522 個龍捲風中，5 月每天平均發生 6 個龍捲風。另一個極端則是 12 月和 1 月，大約每兩天才會發生一次龍捲風。

龍捲風解析

龍捲風的平均直徑在 150 到 600 公尺之間，穿越橫行的速率約為每小時 45 公里，掃過的路徑長度約為 10 公里*。由於龍捲風通常發生在冷鋒之前

★ 10 公里的說法適用於有紀錄可循的龍捲風。由於許多小龍捲風並未記錄下來，龍捲風真正的平均路徑無從得知，但應小於 10 公里。

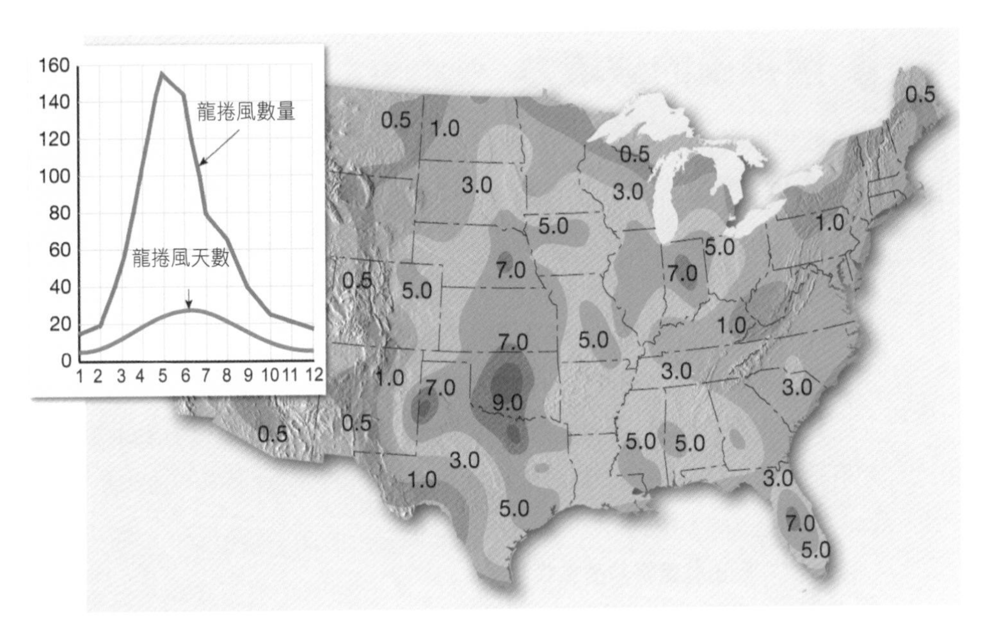

圖14.15 在長達二十七年的期間，每26,000平方公里的年平均龍捲風發生率。左上角的曲線圖顯示同期美國每月的龍捲風平均數量和天數。

不久，該區正是吹西南風，因而大多往東北方向移動。

在美國，每年所記錄的幾百個龍捲風之中，一半以上都比較弱而短命。大部分的這些小龍捲風，生命期只有三分鐘或更短，路徑長度很少超過 1 公里，寬度約為 100 公尺。

典型的風速大概在每小時 150 公里或以下。龍捲風家族的另一個極端，則為罕見而通常生命期長的強烈龍捲風。在所有龍捲風的紀錄中，雖然大型龍捲風所占的比例很小，但它們往往造成了毀滅性的災難。這類龍捲風可能持續超過三小時，沿途不斷蹂躪肆虐，所經路徑長度超過 150 公里，寬度可能有 1 公里或更廣，最大風速高達每小時 500 公里以上。

龍捲風的破壞力

龍捲風潛在的破壞力，主要取決於風暴造成的風力強度。龍捲風產生的風是大自然中最強的，所完成的「不可能的任務」，諸如把一根稻草釘入厚木板，以及把巨大的樹木連根拔起等。龍捲風的強風能夠造成如此大規模的損害，雖然似乎有點不可思議，但工程設備實驗測試一再證實，風速超過每小時 320 公里時，的確有這種令人難以置信的威力。

龍捲風的強度一般以藤田強度級數改良版〔Enhanced Fujita（EF）intensity scale〕來分類（表 14.1）。由於龍捲風的風速無法直接測量，所以 EF 級數是以評估風暴造成的最強烈損毀來判定。

表14.1　藤田強度級數改良版★

等級	風速（公里/小時）	災害狀況
EF-0	105-137	輕微。牆板和屋瓦受損。
EF-1	138-177	中等。屋頂損毀顯著，風可把樹連根拔起、翻覆可移動式車房，折彎旗桿。
EF-2	178-217	顯著。多數可移動式車房損毀，永久性房屋從地基移位，旗桿折斷，軟木類樹木損毀。
EF-3	218-265	嚴重。硬木類樹木損毀，房屋部分損毀。
EF-4	266-322	毀滅性。結實的房屋、大片校區完全損毀。
EF-5	>322	超出想像的災難。 中、高層大樓結構損毀嚴重。

★ 原始的藤田級數由藤田哲也（T. Theodore Fujita）於 1971 年發展提出，1973 年開始投入使用。藤田級數改良版為其修訂版，於 2007 年 2 月開始投入使用。風速是根據損害來估計的（非經測量），代表受損地點的三秒陣風。更多有關龍捲風強度的評估準則，可參考網站 http://spc.noaa.gov/efscale/ 和 http://www.spc.noaa.gov/faq/tornado/ef-sdale.html。

在所有龍捲風中，最危險且最具毀滅性的榜首是「三州龍捲風」(Tri-State Tornado)，它發生於 1925 年 3 月 18 日。從密蘇里州東南部開始，該龍捲風在地面上橫行肆虐 352 公里，最後終於在印第安納州結束，造成 695 人喪生，2,027 人受傷，財產損失不計其數，有幾個小鎮幾乎被夷為平地。

你知道嗎？

雖然龍捲風災害絕大部分由猛烈的強風所造成，導致死傷的主因卻是到處狂飛的殘骸碎片。在美國，每年因龍捲風而死亡的人數，平均約為 60 到 70 人，但是每年實際死亡人數與平均人數可能有顯著差異。例如 1974 年 4 月 3 日與 4 日兩天，密西西比河以東地區爆發 148 個龍捲風，橫掃十三個州，帶來嚴重的死傷及破壞。在這場半世紀以來最嚴重的災難中，死亡人數超過 300 人，受傷人數多達 5,500 人。不過，大部分的龍捲風並不會奪走人命。據一項統計研究顯示，某段長達二十九年期間，在所有 19,312 個風暴紀錄中，有 689 個龍捲風造成死亡，所占比例才快接近 4%。

即使龍捲風造成死亡的比例不高，每個龍捲風仍具有潛在的致命威力。比較龍捲風造成的死亡與風暴的強度時，結果相當耐人尋味：大多數(63%)的龍捲風都很弱(EF0 和 EF1)，風暴的數量隨龍捲風強度增加而減少。因龍捲風而致命的分布卻正好相反。雖然分類為強烈(EF4 和 EF5)龍捲風的比例只有 2%，所造成的死亡人數卻占了 70%。

龍捲風預測

由於劇烈雷雨和龍捲風都屬於小尺度且生命期很短的天氣現象，可說是最難準確預報的天氣之一。然而，這些風暴的預測、偵測和監測也是專業氣象學家所提供的最重要服務之一。及時的發布和守視、警報的宣導，

你知道嗎？

最強烈的龍捲風（藤田級數 EF5）很罕見，從 1970 年到 1999 年的三十年間，在所有 28,913 個龍捲風中，只有 26 個屬於 EF5 等級，比例僅占 0.09％！其中有很多年都沒有 EF5 的紀錄。然而，在 1974 年 4 月 3 日至 4 日的短短 16 小時之內，就發生了 7 次 EF5 風暴。

對維護生命財產的安全都非常重要。

美國風暴預測中心（The Storm Prediction Center, SPC）位於奧克拉荷馬州諾曼市，隸屬國家氣象局（National Weather Service, NWS）和國家環境預測中心（National Centers for Environmental Prediction, NCEP）。其任務為提供劇烈雷雨和龍捲風及時而準確的預報和守視。

劇烈風暴展望（severe thunderstorm outlooks）每天發布數次，*一日展望*確認未來 6 到 30 小時之內，可能受雷雨影響的地區。*二日展望*將預報延續至隔天。兩種展望都會描述預期的劇烈天氣類型、範圍與強度。許多當地的 NWS 測站辦公室，也會發布劇烈天氣展望，提供當地潛在劇烈天氣未來 12 到 24 小時更詳盡的實際狀況。

龍捲風守視與警報

龍捲風守視提醒大眾，注意在某個特定地區、期間產生龍捲風的可能性。守視可微幅調整在劇烈天氣展望中，已確認過的預報區。標準的守視涵蓋區域約為 65,000 平方公里，每四到六小時發布一次。龍捲風守視為龍捲風預警系統中很重要的一部分，因為它啟動必要的程序，以便充分掌握偵測、追蹤、警報與因應措施。守視的發布通常只針對組織性劇烈天氣事件，亦即受龍捲風威脅的影響範圍，至少在 26,000 平方公里並持續三小時以上，或持續三小時以上。若是風暴威脅被認為是孤立的、和（或）生命期很短，一般並不會發布守視。

龍捲風守視的目的，在於提醒民眾發生龍捲風的可能性，**龍捲風警報**則是當龍捲風已經確實出現在某地區、或顯示在氣象雷達上時，由國家氣象局區域辦公室發布，警告龍捲風極有可能逼近，造成傷害。警報發布的範圍比守視小得多，通常涵蓋一或多個郡，另外，警報的有效期也短得多，一般為三十到六十分鐘。由於龍捲風警報可能根據親眼目睹，有時在龍捲風已經發展後才發布警報。不過，大多數的警報都是在龍捲風形成之前發布，根據都卜勒雷達資料和（或）漏斗雲的觀測報告，有時候在幾十分鐘前就可發布警報。

如果已知風暴的方向和大概的速率，也可預估其最有可能的路徑。由於龍捲風的動向通常飄忽不定，凡是龍捲風出現地點下風處的扇狀區域，均屬於警報範圍。過去五十年來，因龍捲風而喪生的人數顯著減少，預報技術的改進與科技的進步功不可沒。

都卜勒雷達

由於雷達科技的進步，過去使龍捲風警報的準確性受到限制的許多難題，都因為所謂的**都卜勒雷達**而破解或減少。都卜勒雷達不僅擁有傳統雷達的功能，還具有直接偵測物體移動的能力（圖 14.16）。都卜勒雷達可偵測中尺度氣旋的內在結構與後續發展，低層雷雨中強烈的旋轉風系統（這經常發生在龍捲風發展之前）。幾乎所有的中尺度氣旋都會產生有害的冰雹、強風或者龍捲風。那些會產生龍捲風的中尺度氣旋（約 50%），有時可由其較強的風速和較陡的風速梯度來判別。

有一點要特別注意，並非所有孕育龍捲風的風暴，都有明確的雷達特徵，而且其他風暴的特徵也可能會遭誤認。所以偵測有時是主觀的過程，

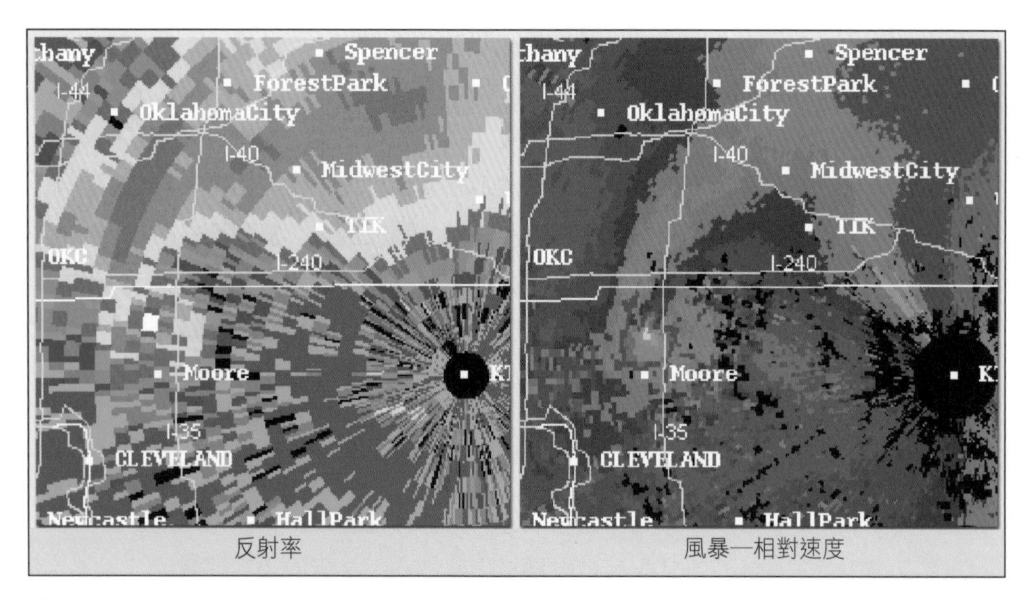

圖14.16 這是1999年5月3日發生於美國奧克拉荷馬州木爾市附近，一場強烈龍捲風的雙都卜勒雷達影像圖。左圖影像（反射率）顯示超大胞雷雨中的降水。右圖顯示沿著雷達波束的降水移動，亦即雨或冰雹朝向或遠離雷達移動的速率。此例中，雷達很罕見的靠近龍捲風，近到可以辨別出龍捲風本身的特徵（一般大多只能偵測到較弱或較大的中尺度氣旋）。（After NOAA）

所獲得的雷達顯示可能有好幾種不同的詮釋。由此可見，訓練有素的觀測員一直都是整個警報系統中很重要的一部分。

都卜勒雷達雖然有某些作業上的問題，但還是有很多的優點。做為研究工具，它不僅可提供龍捲風結構的資料，還可幫助氣象學家重新瞭解雷雨的發展、颶風的結構與動力、以及飛機所面臨的亂流危害等。做為偵測龍捲風的實用工具，都卜勒雷達已經顯著改善我們追蹤雷雨和發布警報的能力。

颶風（與颱風）

多數人對熱帶天氣情有獨鍾。像是加勒比海島嶼這類地方，便以其日復一日、鮮少變化的天氣聞名，人們對於和煦的暖風、穩定的氣溫、強烈而短暫的熱帶性陣雨習以為常。這些相當平靜的地區，有時卻會產生世界上最劇烈的風暴，著實令人意想不到。

旋轉的熱帶氣旋風速偶爾可達到每小時 300 公里，在美國稱為**颶風**，在西太平洋稱為**颱風**。颶風（和颱風）是世界上最大的風暴。在海上，颶風可產生 15 公尺的浪高，足以使幾百公里以外的地區遭受摧殘。一旦颶風登陸，強風伴隨大規模的洪水氾濫，可能造成數十億美金的財產損失，奪走許多寶貴的生命。

與颶風相關的死亡和損失，大多是由相當罕見卻極具威力的風暴所導致。表 14.2 列出從 1900 到 2009 年間，侵襲美國造成死亡人數最多的颶風。1900 年，料想不到的颶風重創德州加爾維斯敦（Galveston），不僅是美國有史以來造成最多人喪生的颶風，也是影響美國的自然災害中，最致命的。近年來最致命且損失最慘重的颶風，當然是發生在 2005 年 8 月的卡崔娜颶風，至今仍令人餘悸猶存。包括路易斯安納州、密西西比州、以及阿拉巴馬州的墨西哥灣沿岸地區，都受到卡崔娜無情的摧殘，並奪走了大約 1,800 條人命。雖然幾十萬人在颶風登陸前就疏散逃離該區，還是有好幾千人來不及逃離。卡崔娜颶風肆虐過後，除了帶給民眾苦難及死傷慘劇，風暴所導致的經濟損失更是難以估計。雖然沒有精確計算，但卡崔娜颶風造成的總損失，應該超過一千億美金。

表14.2 1900年到2009年間，侵襲美國本土最嚴重的十大致命颶風

排名	颶風	年份	等級	死亡人數
1	德州（加爾維斯敦）	1900	4	8000*
2	佛羅里達州東南（歐基求碧湖）	1928	4	2500～3000
3	卡崔娜	2005	4	1833
4	奧德莉	1957	4	至少416
5	佛羅里達州礁島群	1935	5	408
6	佛羅里達州（邁阿密）／密西西比州／阿拉巴馬州／佛羅里達州（朋沙科拉）	1926	4	372
7	路易斯安納州（格蘭島）	1909	4	350
8	佛羅里達州礁島群／德州南部	1919	4	287
9	路易斯安納州（紐奧良）	1915	4	275
9	德州（加爾維斯敦）	1915	4	275

資料來源：美國國家氣象局／國家海洋暨大氣總署國家颶風中心技術備忘錄NWS TPC-5

★ 該數據實際上可能高達 10,000 至 12,000 人

颶風解析

颶風和颱風大多形成於緯度 5 到 20 度之間的熱帶海洋上，但不包括南大西洋和南太平洋東部（圖 14.17）。北太平洋的颱風數量最多，平均每年有二十個。住在美國南部和東部沿岸地區的民眾較幸運，平均來說，每年在北大西洋暖區發展的颶風不到五個。

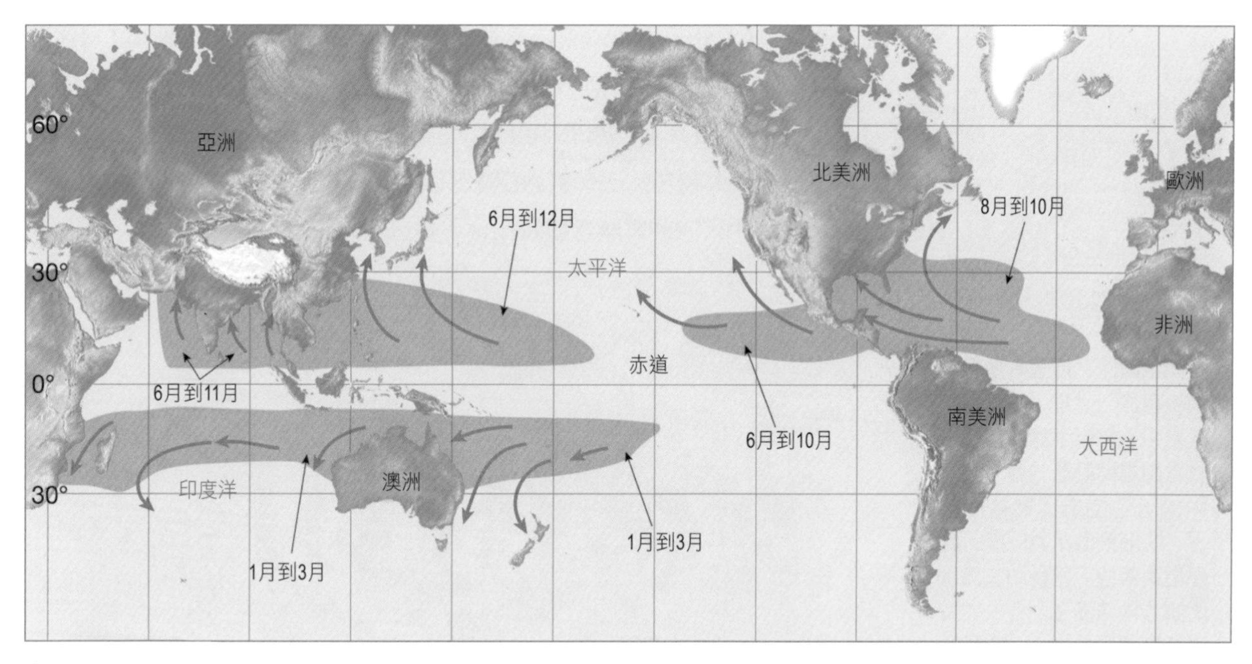

圖14.17 此幅世界地圖顯示大部分颶風和颱風生成的區域，還有它們主要發生的月份以及一般最常依循的路徑。颶風和颱風不會在赤道南北緯度五度之內發展，因為科氏效應很弱。由於溫暖的洋面溫度為颶風和颱風生成的必要條件，因此在緯度二十度以外，以及南大西洋和南太平洋東部的涼爽洋面上，也難得有颶風和颱風形成。

這些強烈的熱帶風暴在世界各地有不同的名稱。前面說過，在西太平洋稱為*颱風*，而在印度洋（包括孟加拉灣和阿拉伯海）則簡單稱為*氣旋*。以下的討論將統稱這種風暴為*颶風*（hurricane），英文源自 Huracan，意指「加勒比海上的惡神」。

雖然每年都有許多熱帶擾動發展，卻只有少數幾個能達到颶風的標準。根據國際協議，風速要超過每小時 119 公里，並且具有旋轉式環流才能算是颶風。成熟的颶風平均寬度約有 600 公里，不過其直徑範圍可能從 100 公里到大約 1,500 公里不等。從外圍邊緣到中心，氣壓有時可降低 60 毫巴，從 1,010 毫巴降到 950 毫巴。在西半球曾記錄到的最低氣壓，就與這種風暴有關。

由於颶風的氣壓梯度很陡，因此產生非常快速的內流螺旋風場（圖 14.18）。當空氣急速衝向風暴中心時，速度會變得愈來愈快，這和溜冰選手把伸出去的手臂收回靠攏身體時，會愈轉愈快的原理相同。

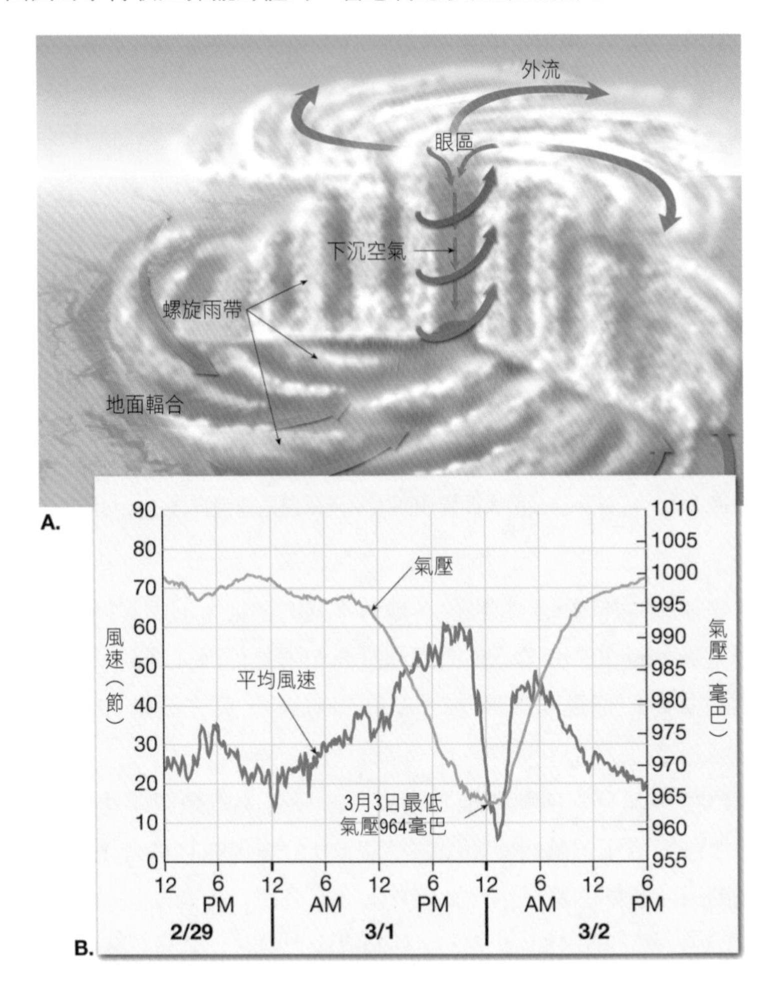

圖14.18

A. 颶風剖面圖。注意其垂直方向經過放大處理。颶風眼為風暴中心相對平靜的區域，這是颶風的顯著特徵。眼區中的下沉空氣因壓縮而增溫，眼區周圍稱為眼牆，此區風雨最強。熱帶的充沛水氣螺旋內流產生雨帶，如風車般環繞風暴中心。颶風頂端的空氣外流很重要，因為可以避免低層的輻合氣流在風暴中填滿。（NOAA）

B. 2004年2月29日至3月2日間發生的蒙帝氣旋（颶風在此地稱為氣旋），在澳洲西部馬爾蒂測站測量到的地面氣壓和風速。伴隨眼牆出現最大風速，眼區裡的風最弱，氣壓也最小。（資料取自世界氣象組織）

當溫暖潮溼的地面空氣急速內流接近風暴中心時，會轉而向上，在一圈高聳的積雨雲中升高（圖 14.18A）。這種環繞風暴中心周圍的強烈對流活動，形成宛如甜甜圈般的雲牆，稱為**眼牆**。此處的風速最強，降雨也最劇烈。眼牆周圍的彎曲雲帶呈螺旋狀向外蔓延，靠近颶風頂端的外流氣流，把不斷上升的空氣從風暴中心帶出去，以提供空間給更多的地面內流氣流。

風暴的最中心為颶風的**風暴眼**也稱**眼區**（圖 14.18），此區直徑約為 20 公里，最有名的特徵就是風停雨歇。眼區讓周圍彎曲雲牆的極端天氣得以暫時停息，令人誤以為風暴結束。眼區中的空氣逐漸下沉而壓縮增溫，成為風暴最暖的區域。雖然很多人以為眼區的特徵就是晴朗蔚藍的天空，其實並非如此，因為眼區中的下沉氣流很少強烈到足以產生完全無雲的狀況。雖然此區的天空看起來較明亮，但仍經常有雲出現在不同高度。

颶風的形成與消散

颶風就像是一部熱機，使用的燃料是大量水氣凝結所釋放出的潛熱。一個典型颶風一天內產生的能量非常驚人，釋放出的潛熱加熱空氣，提供空氣升空飛行所需的浮力，結果使近地面氣壓降低，助長空氣更快速向內流入。要讓這部熱機開始運轉，需要大量溫暖而飽含水氣的空氣，而且必須源源不絕的供應，才能保持熱機運轉。

颶風最常在夏末發展，此時海水溫度達到 27℃或更高，因此可以為空氣提供必要的熱和水氣。這種海水溫度的必要條件也說明了，颶風不會形成於南大西洋和南太平洋東部，那相對較涼的海面上。同理，很少有颶風形成於緯度 20 度以上。此外，即使水溫夠高，颶風也不會形成於赤道附近 5 度以內，因為此地的科氏效應太微弱，無法引發必要的旋轉運動。

世界各地的颶風季節都不一樣。大西洋的颶風季節從 6 月一直到 11 月,此區 97% 以上的熱帶天氣活動都發生在這六個月。「核心」季節為 8 到 10 月,約 87% 的小型颶風天(等級一、二)和 96% 的大型颶風天(等級三、四、五)發生在這三個月期間,其中 9 月上旬到中旬的發生頻率最高。

許多熱帶風暴一開始是無組織性的雲系和雷雨,發展出微弱的氣壓梯度,但並沒有或很少轉動。這些低層輻合與上升的區域稱為熱帶擾動。這些輻合區的活動大多會逐漸消失,然而熱帶擾動有時會愈長愈大,進而發展成強烈的氣旋式旋轉。

若條件有利於颶風發展,會發生什麼事?當組成熱帶擾動的雷雨群釋放出潛熱,擾動內的區域會變暖,使空氣密度變小、地面氣壓降低,形成微弱的低壓區和氣旋式環流。當風暴中心的氣壓降低,氣壓梯度變得較陡。如果大家看風暴的天氣圖動畫模擬,將會看到等壓線變得愈來愈密。如此一來,地面風速也因而增強,帶來更多的水氣供應,使風暴不斷成長茁壯。水氣凝結、釋放潛熱,使空氣受熱上升;上升空氣絕熱冷卻、引發更多的凝結並釋放出更多潛熱、進而增加浮力。如此周而復始、愈演愈烈。

同時,風暴頂端的空氣不斷輻散,若沒有頂端的外流氣流,低層的內流很快就會使地面氣壓升高(也就是把低壓填滿),阻撓風暴的發展。

每年都會發生許多熱帶擾動,但是只有少部分會發展成完整的颶風。依照國際協議,數量較少的熱帶氣旋可根據風的強度,分為幾個不同的等級。當氣旋的最大風速未超過每小時 61 公里,就稱為**熱帶低壓**。當風速介於每小時 61 公里到 119 公里,則稱該氣旋為**熱帶風暴**,在這個階段才開始為風暴取名字(例如安德魯、弗洛伊德、歐柏等)。若是熱帶風暴演變成颶風,仍維持同樣的名稱。全世界每年約有 80 到 100 個熱帶風暴發展，最後往往有一半或更多會變成颶風。

颶風強度消散，通常由於（1）移動至無法供應暖溼熱帶空氣的海水上方；（2）登陸；或（3）遇到不利於高空大尺度氣流的區域。每當颶風登陸，威力很快就會減弱。造成颶風快速消亡最重要的原因，其實是由於風暴的暖溼空氣來源遭切斷。沒有了適當的水氣供應，凝結和潛熱的釋放勢必減少，加上陸地粗糙表面增加摩擦力，會使風速迅速減慢——這導致風更直接流入低壓中心，有助於消除原先較大的氣壓差異。

颶風的破壞力

在距離颶風只有幾百公里的地方，也就是距侵襲地點一日之遙之地，可能是晴空而且根本沒有風。在沒有氣象衛星的年代，這種情況讓警告民眾風暴即將逼近的任務，十分難以進行（圖 14.19）。

颶風造成損失的程度和許多因素有關，包括影響區域的大小與人口密

你知道嗎？

熱帶擾動一旦達到熱帶風暴（每小時 61 到 119 公里）的程度，就會取名字。替熱帶風暴取名字，是為了使預報人員和一般大眾更容易溝通。熱帶風暴和颶風可能持續一星期或更久，而同一個區域可能同時發生兩個或甚至更多風暴。有了名字之後，在描述某個特定風暴時就可減少混淆。
颶風名字的名單由附屬於聯合國的世界氣象組織制定，除非有某個颶風特別值得注意，否則大西洋風暴的名字每六年從頭開始輪換。重要的颶風名字將退役不再使用，以避免未來討論風暴時產生混淆。

圖14.19　卡崔娜颶風的衛星影像圖，時間為2005年8月下旬，在它侵襲墨西哥灣岸區之前。A. 來自GOES-East 衛星的紅外線色調強化影像圖，活動最強的地方為紅色和橙色。B. 來自NASA Terra衛星較傳統的衛星影像圖。（NASA）

表14.3　薩非爾．辛普森颶風強度等級

等級	中心氣壓（毫巴）	風速（公里／小時）	風暴潮（公尺）	損害
1	≧980	119～153	1.2～1.5	最小
2	965～979	154～177	1.6～2.4	中等
3	945～964	178～209	2.5～3.6	廣泛
4	920～944	210～250	3.7～5.4	嚴重
5	< 920	>250	>5.4	大災難

度、海岸附近的海底型態等。當然，最重要的因素是風暴本身的強度。藉由研究過去的風暴，氣象學家建立了一套級別標準，依據颶風的相對強度來分等級。如表 14.3 所列，等級為 5 級的風暴最不可能發生，而 1 級颶風的劇烈程度最小。

在颶風季節期間，常聽到科學家和播報員引用薩非爾．辛普森颶風強度等級（Saffir-Simpson Hurricane Scale）的數據。卡崔娜颶風登陸時，持續風速為每小時 225 公里，因此強度列為 4 級，強度達 5 級的風暴非常罕見。颶風導致的災害可分為三類：（1）風暴潮，（2）風害，以及（3）內陸洪水。

風暴潮

沿岸地區最具毀滅性的災害通常是由風暴潮所引起。風暴潮不僅是沿岸地區大部分財產損失的主因，在颶風中喪生的，也有很高的比例是因為風暴潮。**風暴潮**為海水隆起的現象，寬度約為 65 到 85 公里，在颶風眼登陸地點附近橫掃海岸。假設所有的波浪活動都忽略不計，風暴潮就是指正常海潮水位以上的高度。風暴潮再加上洶湧巨浪，狀況可想而知，如此驚人的風暴浪潮，對沿岸低窪地區造成的災害一定非常嚴重。最嚴重的風暴潮發生在墨西哥灣之類的地區，因為此地大陸棚很淺，而且坡度較平緩。另外，例如海灣和河流等區域特性，也會導致風暴潮高度倍增、速度加快。

當颶風朝北半球的海岸方向移動時，颶風眼右側的風暴潮強度最強，因為該處的風吹往岸上。另外，在風暴的右側，颶風前進的方向也對風暴潮有所貢獻。圖 14.20 所顯示的颶風，最大風速為每小時 175 公里，並以每

圖14.20 朝海岸前進的北半球颶風與所伴隨的風。這個假想颶風的最大風速為每小時175公里，並以每小時50公里的速率朝岸邊移動。在前進中的風暴右側，每小時175公里的風與風暴的前進方向一致（每小時50公里），因此，風暴右側的淨風速為每小時225公里。颶風左側的風向與風暴移動的方向相反，因此淨風向為遠離岸邊，淨風速則為每小時125公里。若沿岸地區被行進中颶風的右側侵襲，將遭遇最嚴重的風暴潮。（kph是指每小時的公里數）

小時 50 公里的速率朝向岸邊移動。以此例而言，前進中的風暴右側淨風速為每小時 225 公里。颶風左側的風向與風暴移動的方向相反，因此淨風向為遠離岸邊，淨風速則為每小時 125 公里。若沿岸地區面對的是即將到來颶風的左側，颶風登陸時，該處海水水位實際上反而會降低。

風害

颶風災害中，風造成的破壞可能是最明顯可見的。各種破瓦碎石如廣告招牌、屋頂碎片、以及掉落在外的小物件等，在颶風加持下可能變成危險的飛彈。強風足以完全摧毀某些建築物，行動式的車屋更是特別不堪一擊，高層大樓對颶風強勁的風勢也難以招架。樓層愈高、愈容易遭受風災，因為通常高度愈高、風速也愈強。近來研究顯示，民眾應該待在十樓以下的樓層，以及洪水淹不到的樓層之上。在有良好建築法規的地區，風害通常不會像風暴潮一般災情慘重。然而，受颶風級強風影響的區域範圍，遠大於風暴潮的影響範圍，可導致巨額的經濟損失。例如 1972 年，在美國佛羅里達州南部以及路易斯安納州，安德魯颶風造成二百五十億美元以上的損失，主要的禍首就是強風。

颶風有時候也會產生龍捲風，使風暴的破壞力火上加油。研究顯示，一半以上的登陸颶風會產生至少一個龍捲風。2004 年，伴隨熱帶風暴和颶風的龍捲風數量相當驚人。熱帶風暴邦妮和五個登陸颶風查理、法蘭西斯、加斯頓、伊凡，以及珍妮，總共產生將近三百個龍捲風，對美國東南部及中大西洋各州造成影響。

大雨及內陸洪水

颶風大多伴隨猛烈的雨勢，意味著第三種重大的威脅：洪水。風暴潮和強風的影響主要集中在沿岸地區，而受到大雨影響的地方離海岸可能有幾百公里遠，甚至當風暴已喪失其颶風級風力之後，大雨還可能持續數日。

1999 年 9 月，弗洛伊德颶風為大西洋沿海大部分地區帶來大雨氾濫、強風以及巨浪。從佛羅里達州北部到卡羅萊納州一帶，有超過二百五十萬人必須撤離家園，為當時美國史上和平時期規模最大的撤離行動。傾盆大雨持續下個不停，造成嚴重的內陸洪水氾濫。在北卡羅萊納州的威爾明頓市，弗洛伊德颶風總共降下超過 48 公分的雨，二十四小時之內就下了 33.98 公分。

總結來說，沿岸地區遭受的巨大災害和人命損失，可能是由於風暴潮、強風和大雨所致。若有人喪生，通常是風暴潮引起的，風暴潮往往把整個堰州島或岸邊幾個街區皆夷為平地。雖然風害通常不像風暴潮如此具毀滅性，但是影響的區域卻遠大於風暴潮。在一些建築法規不夠完善的地區，經濟損失可能格外嚴重。由於颶風移向內陸之後便逐漸減弱，因此大部分的風害發生在距離海岸 200 公里以內。即使遠離海岸地區，減弱的風暴還可能產生洪水氾濫，甚至當風力減弱至颶風程度以下，洪水仍可持續甚久。有時候內陸洪水的災情可能比風暴潮的破壞還嚴重。

追蹤颶風路徑

如今我們受惠於許多觀測工具，可利用它們來追蹤熱帶風暴和颶風的路徑。利用來自衛星、飛機飛行偵察、海岸雷達、遙控資料浮標等的輸入資料，結合複雜的電腦模式，氣象學家得以監測並預測風暴的移動與強度，目的在於及時發布守視與警報。

此過程很重要的一部分為*路徑預報*，亦即預測風暴未來的走勢。路徑預報可說是最基本的資訊，因為如果風暴的未來走勢有很大的不確定性，其他風暴特徵（風和降雨）即使預測準確也是枉然。準確的路徑預報很重要，因為可以及時把民眾撤離風暴潮區，而該區往往是死亡人數最多的地方。幸好，路徑預報已有長足穩定的改善，從 2001 到 2005 年之間，預報誤差約為 1990 年代的一半。颶風相當活躍的 2004 年和 2005 年的大西洋颶風季節，12 到 72 小時的路徑預報準確度創下了歷史紀錄。因此，美國國家颶風中心正式發布的路徑預報天數，從三天延長為五天（圖 14.21）。目前的五天路徑預報與十五年前的三天預報同樣準確。

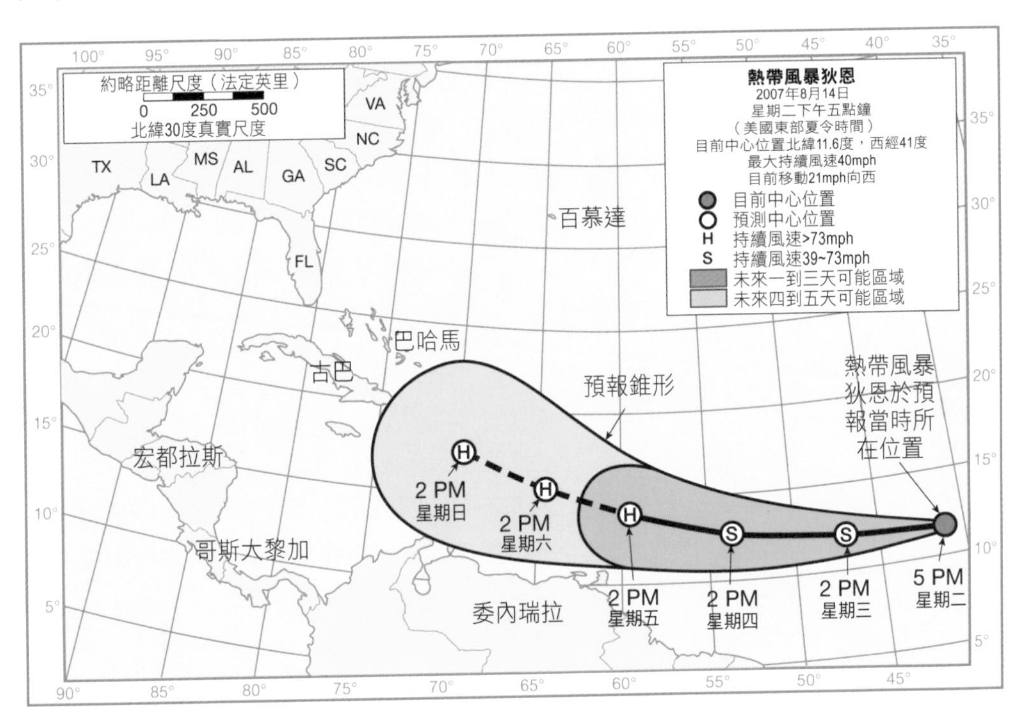

圖14.21 熱帶風暴狄恩的五天路徑預報，發布時間為2007年8月14日星期二下午五點鐘（美國東部夏令時間）。美國國家颶風中心發布颶風路徑預報時，會以預報錐形（forecast cone）來表示。錐形代表風暴中心可能的路徑，為一連串圓圈沿著預報路徑（12、24、36小時等）掃過的範圍所形成的錐狀區域，圓圈隨時間變得愈來愈大。根據2003到2007年的統計資料，大西洋熱帶氣旋的整體路徑，應該約有60%到70%的時間會完全落在錐形範圍中。

儘管準確度已有改進，由於預報的不確定性，仍需要針對相當大的沿岸地區發布颶風警報。在 2001 年到 2005 年之間，美國颶風警報所針對的平均海岸線長度為 510 公里，與早前十年的平均長度 730 公里相比，已有顯著的改進。不過平均來說，警報地區中確實曾發生颶風的，卻只有約四分之一。

- 氣團為巨大的空氣塊，寬度一般為 1,600 公里或更寬，特徵為任何高度都具有相似的溫度和溼度。當這團空氣移出其源地時，會將它的溫度和溼度狀況帶到各地，結果可能使整個大陸的大半地區受到影響。氣團可根據其源地的地面性質和緯度來分類：大陸氣團（c）發源自陸地，空氣一般比較乾燥；海洋氣團（m）發源自洋面，因此相當潮溼。極地氣團（P）和北極氣團（A）發源於高緯度地區，相當寒冷；熱帶氣團（T）發源於低緯度地區，所以較溫暖。根據這種分類法，氣團的四種基本類型可分為極地大陸（cP）、熱帶大陸（cT）、極地海洋（mP）、和熱帶海洋（mT）氣團。影響北美天氣最多的是極地大陸氣團和熱帶海洋氣團，特別是在洛磯山脈以東。熱帶海洋上的空氣，是美國東半部三分之二地區大部分降水的主要來源。

- 鋒面是分隔密度不同氣團的交界，其中一氣團比另一氣團暖，且通常溼度也較高。當鋒面在地面上的位置移動，使暖空氣占據原先被冷空氣覆蓋的範圍時，稱為暖鋒。沿著暖鋒，暖氣團凌駕於後退的較冷氣團之上，當暖空氣上升時，會絕熱冷卻而生成雲，而且經常會有小到中度的大範圍降水。當冷空氣積極推進至原先由暖空氣占據的區域時，便形成冷鋒。冷鋒的斜率約為暖鋒的兩倍，移動速度也比暖鋒快。由於前述這兩種差異，沿著冷鋒的降水通常比伴隨暖鋒的降水劇烈，持續時間也較短。

- 中緯度主要的「天氣製造者」為大型的低壓中心，一般都是由西向東移動，稱為中緯度氣旋。這些風暴天氣的孕育者持續時間從數日到一星期，在北半球帶有逆時針方向環流型態，空氣內流朝著氣旋中心方向流入。大多數的中緯度氣旋帶有冷鋒且經常也帶有暖鋒，從低壓的中心區域向外延伸，促使雲發展並經常造成降水。某地區特有的天氣狀況往往取決於氣旋的移動路徑。

- 雷雨由溫暖、潮溼且不穩定空氣的上升運動造成，通常伴隨會產生大雨、閃電、雷鳴、偶爾還有冰雹和龍捲風的積雨雲。

- 龍捲風為具破壞性的短期區域性風暴，伴隨劇烈雷雨的強烈風暴，形式為旋轉的空氣柱，從積雨雲底向下延伸。龍捲風最常沿中緯度氣旋的冷鋒孕育而生，最常出現在春季。

- 颶風（與颱風）是地球上最大的風暴，為風速超過每小時 119 公里的熱帶氣旋。這些複雜的熱帶擾動在熱帶海洋上空發展，由大量水氣凝結所釋放出的潛熱來提供能量。颶風最常在夏末發展，此時海水溫度達到 27℃或更高，因此可以為空氣提供必要的熱和水氣。當颶風移動至無法供應適當暖溼空氣的冷涼海水上方、登陸、或遇到不利於高空大尺度氣流的區域時，颶風強度便會減弱。颶風災害主要可分為三類：風暴潮、風害、以及內陸洪水。

上滑 overrunning　暖空氣滑升至後退的冷氣團之上。

大陸氣團 continental (c) air mass　發源自陸地之上的氣團，通常相當乾燥。

中緯度氣旋 middle-latitude or midlatitude cyclone　大型的低壓中心，直徑通常超過 1000 公里。一般都是由西向東移動，持續時間從幾天到超過一星期，且通常有冷鋒及暖鋒從低壓中心區域向外延伸。

北極氣團 arctic (A) air mass　發源於北極地區的氣團。

囚錮鋒 occluded front　通常冷鋒前進的速度比暖鋒快，接近氣旋中心處，冷暖鋒所夾的暖空氣區逐日縮小，最後冷鋒與暖鋒相疊，地面的暖空氣全部被冷、暖鋒舉昇至高空中，這種冷暖鋒交疊的現象，稱為囚錮作用。

冷鋒 cold front　鋒面的一種，冷氣團會沿著它推進至較暖氣團之下。

風暴眼（眼區）eye　颶風的中心區域，平均直徑約為 20 公里。此區平靜無風，可能有些雲。

風暴潮 storm surge　沿岸地區因強風所引起的不正常海水升高現象。

氣團 air mass　巨大的空氣塊，其特徵為整個空氣塊具有相似的溫度和溼度。

氣團天氣 air-mass weather　某地當氣團經過時，感受到的天氣狀況。因為氣團範圍廣大且相當均質，所以氣團天氣通常會相當穩定且持續數天。

海洋氣團 maritime (m) air mass　發源自海洋之上的氣團，這種氣團相當潮溼。

眼牆 eye wall　環繞颶風眼周圍，宛如甜甜圈般的強烈積雨雲發展區域，也是強風區域。

都卜勒雷達 Doppler radar 不僅擁有傳統雷達的功能，這種新一代的氣象雷達，還可直接偵測物體的移動，因而大幅提高龍捲風和劇烈風暴的預警能力。

湖泊效應雪 lake-effect snow 在較冷的大氣狀態下，冷風吹過大面積的溫暖水面，和水面蒸發的較暖蒸汽結合，之後冷卻並在岸邊降下雪。

暖鋒 warm front 鋒面的一種，暖氣團沿著它，凌駕於後退的冷氣團之上。

極地氣團 polar (P) air mass 形成於高緯度源地的氣團。

源地 source region 氣團獲得其溫度和溼度特性的地區。

雷雨 thunderstorm 由積雨雲生成的風暴，伴隨閃電和雷鳴。持續時間相當短，經常伴隨強烈陣風、大雨，有時還有冰雹。

滯留鋒 stationary front 有時候冷暖氣團實力相當，沒有一方有足夠的力量使另一方移動，兩個氣團便會僵持在一起，這時形成的鋒面便稱為滯留鋒。

熱帶低壓 tropical depression 依照國際協議，最大風速未超過每小時 61 公里的熱帶氣旋。

熱帶風暴 tropical storm 依照國際協議，最大風速介於每小時 61 公里至 119 公里之間的熱帶氣旋。

熱帶氣團 tropical (T) air mass 形成於副熱帶地區的暖（熱）氣團。

鋒面 front 不同特性的兩個氣團之間的交界。

龍捲風 tornado 一種小而非常強烈的氣旋式風暴，風速極強，一般大多沿冷鋒生成，並伴隨劇烈雷雨。

龍捲風守視 tornado watch 一種預報，發布區域約涵蓋 65,000 平方公里，針對龍捲風可能發展的狀況，提醒大眾注意龍捲風發生的可能性。

龍捲風警報 tornado warning 當龍捲風已確實出現在某地區或顯示在雷達上時，所發布的警報。

颱風 typhoon 風速超過每小時 119 公里的熱帶氣旋風暴，在西太平洋地區的稱呼。

颶風 hurricane 風速超過每小時 119 公里的熱帶氣旋風暴，在北美的稱呼。

1. 請分別敘述冬季與夏季伴隨極地大陸氣團的天氣。
2. 熱帶海洋氣團的特徵是什麼？影響北美的熱帶海洋氣團源地在哪裡？極地海洋氣團的源地在哪裡？
3. 沿著冷鋒，原本非常溫暖潮溼的空氣被取代，請敘述該處的天氣。
4. 若中緯度氣旋中心通過觀測人員的北邊，請描述觀測員所經歷下列各種天氣要素的變化：風向、氣壓趨勢、雲狀、雲量、降水，以及溫度。
5. 同上題，若中緯度氣旋中心通過觀測人員的南邊，天氣狀況又是如何？
6. 請簡述高空氣流如何有助於地面氣旋的形成。
7. 什麼是雷雨形成主要的必要條件？
8. 根據上題的答案，你認為地球上什麼地方最常發生雷雨？
9. 為何龍捲風的風速會這麼強？
10. 通常什麼樣的大氣狀態最有助於龍捲風形成？
11. 「龍捲風季節」是什麼時候？也就是說，龍捲風活動在哪些月份最顯著？
12. 請說明龍捲風守視和龍捲風警報的區別。
13. 比較熱帶風暴和熱帶低壓的風，哪一種比較強？

14. 為什麼颶風（颱風）登陸後，強度很快就減弱？

15. 請說出颶風（颱風）最主要的三種災害。因颶風而喪生的比例，以哪一種最高？

16. 颶風（颱風）的風速比龍捲風慢，造成的災害卻較大。這應該如何解釋？

第七部

地球在宇宙中的地位

15

太陽系的特性★

學習焦點

留意以下的問題，
對掌握本章的重要觀念將相當有幫助：

1. 很多古希臘學者所持的「地心說」宇宙觀，內涵為何？
2. 哥白尼、第谷、克卜勒、伽利略與牛頓
   這些人對近代天文學做出什麼貢獻？
3. 太陽系的行星可分為哪兩類？各有什麼特性？
4. 太陽系是如何形成的？
5. 月球表面的主要特徵為何？
6. 太陽系的每個行星有什麼特徵？
7. 太陽系還有什麼小天體？

★ 本章內容經由塔布克（Teresa Tarbuck）與瓦特瑞（Mark Watry）協助修正。

天文科學是運用理性來思考和理解地球、太陽系與宇宙起源的學問。地球曾被視為宇宙中最為獨特、與眾不同的地方，然而經由天文科學的研究，我們發現地球和太陽就像宇宙中其他的天體一樣，在地球上適用的物理定律也適用於宇宙中的其他地方。

今天我們知道地球是太陽系中，環繞太陽的八大行星與無數較小天體之一，而太陽又是銀河系中千億顆恆星之一，銀河則是浩瀚無盡的宇宙中數十億星系之一。這樣看地球在太空中的定位，迥異於數百年前的想法，當時認為地球在宇宙中心占有特殊的位置。

我們對宇宙的理解如何在這麼短的時間，有如此巨大的轉變？本章將介紹古人對宇宙的觀點與近代的看法，古代會著重於對天體位置和運動的描述，近代則會強調對天體起源及其運行原因的理解。

古天文學

天文學可能始於史前時代（超過五千年以前），當時人類開始記錄天體運行，以便知道該在何時耕種哪種作物，或準備狩獵遷徙中的動物。古代的中國、埃及和巴比倫人都在這方面有完善的紀錄。這些文化都記錄了太陽、月亮以及五個肉眼可見的行星，在背景恆星間位置的移動；最後單只是記錄這些天體的運行還不夠，預測這些天體未來的位置，也變得很重要，舉例來說，要避免在某些不好的時辰結婚觸犯霉頭。

研究中國古代的資料發現，中國人記錄哈雷彗星的回歸已經至少一千年了。然而這顆彗星的回歸週期長達 76 年，因此古代中國人無法把這些資料理解為這是同一顆天體的重複出現。就如同多數的古文明一樣，古代中國人認為彗星象徵神祕，一般而言代表不祥之兆，舉凡戰爭到瘟疫都有可能。此外，中國人對「客星」的記錄相當精確。現在我們知道還有些「客星」原本是過於黯淡而無法察覺的正常恆星，忽然間因為爆炸，表面噴出大量氣體而增加了亮度，現在我們稱這個現象為*新星*或*超新星*（圖 15.1）。

天文學的黃金年代

古代天文學的「黃金年代」（西元前 600 年到西元 150 年）是以希臘為中心。雖然古希臘學者曾因僅根據哲學論辯來解釋自然現象，常遭現代人

圖15.1　在1054年，中國記錄到一顆突然出現的「客星」，現代科學家相信那是超新星爆炸，那些散布的殘骸應該就是金牛座的蟹狀星雲。此圖片是由哈伯太空望遠鏡所拍攝。（Photo by NASA）

批評（這批評頗為中肯），但他們也使用了觀察資料。希臘人利用他們發展出來的幾何與三角測量，算出天上所見最大天體（太陽和月亮）的大小，以及這兩個天體到地球的距離。

古希臘的學者抱持**地心說**的不正確想法來看宇宙，他們公然宣稱大地是球形，靜止於宇宙中心。繞行大地的有月亮、太陽、以及當時已知的幾個行星：水星、金星、火星、木星和土星。太陽和月亮都被認為是完美的透明水晶球。在行星外面還有一層透明、神聖的天球，上面鑲嵌許多恆星，這些恆星每天都繞大地運行。（雖然我們感覺恆星與行星劃過天際，但實際上這是因為地球繞著自轉軸轉動，所產生的現象。）有些古希臘天文學家體悟到，這些天體的複雜運動如果歸因於地球轉動造成的效應，可較容易解釋天體複雜的運動，但他們拒絕承認這個想法，因為身處地表的人類感覺不到這個運動，而且大地似乎過於龐大，不像能移動的樣子。一直到 1851 年，人類才有能力證明大地真的在轉動。

對古希臘學者而言，除了七個「流浪漢」之外的所有天體，都似乎保持相對不變的位置關係。這七個流浪漢指的是：太陽、月亮、水星、金星、火星、木星和土星。每個都被認為以各自的圓形軌道繞行地球。雖然這個系統觀念不正確，但古希臘學者還是有辦法加入修正項，使之能準確的解釋所有天體在天球上的視運行。

托勒密的模型

現代人對古希臘天文學的知識，多來自一套 13 冊的巨著《天文學大成》（*Almagest*），這是 141 年由托勒密編纂而成的，托勒密除了總結古希臘天文學知識外，也根據天體運行的觀測資料，發展出宇宙模型（圖 15.2）。

在古希臘傳統，托勒密的模型把行星放在完美的圓形軌道上，繞行靜

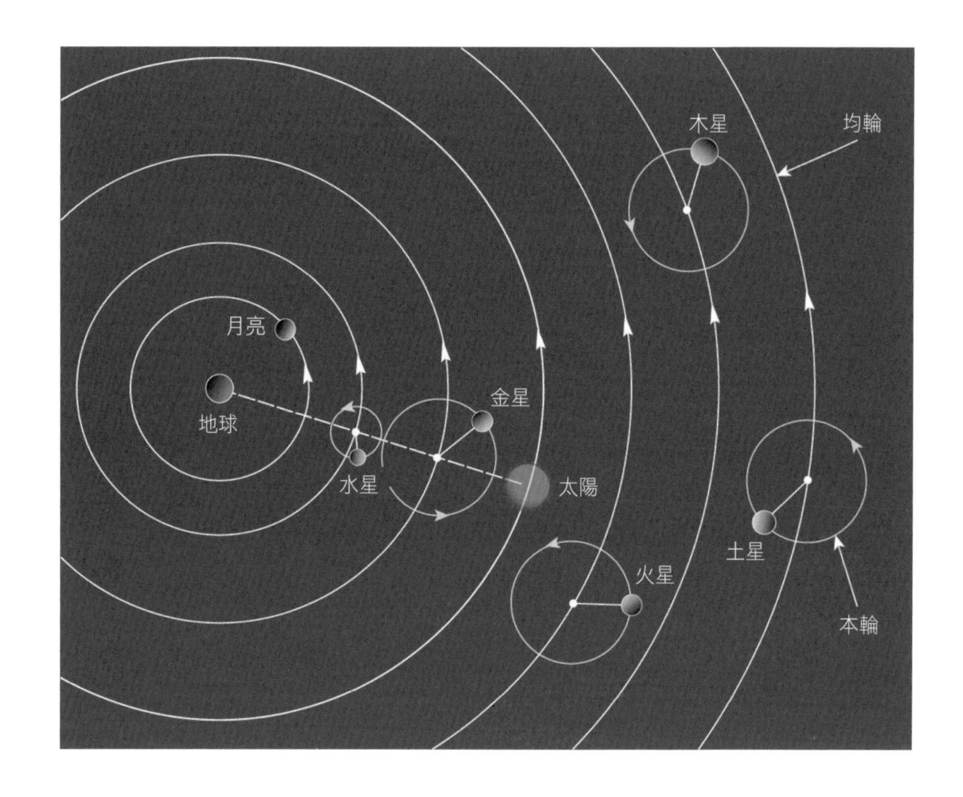

圖15.2　公元二世紀時托勒密的宇宙觀：托勒密相信鑲綴恆星的天球會繞著不動的地球每天運轉。此外他還認為太陽、月亮和行星繞行地球的軌道距離都不相同。

止不動的地球（古希臘的學者認為，圓形是最純正完美的型態）。但是行星在背景恆星中的運行並不如此簡單。如果每天觀察就會發現，比起前一天，每顆行星在背景星空中又更往東邊移動了。每顆行星的這種移動會週期性的停止、反向一段時間，然後又持續向東。這段過程中，行星往西移動的時候稱為**逆行**。這種奇怪的運行，事實上是因為地球和其他行星都繞太陽運轉所造成的。

圖 15.3 說明火星逆行的現象，因為地球公轉軌道的移動速率比火星快，二者相鄰的時候地球會趕過火星，當此之時，火星在背景星空中看起來會有一陣子往相反的方向移動，也就是逆行。這就如同開車時，你超越

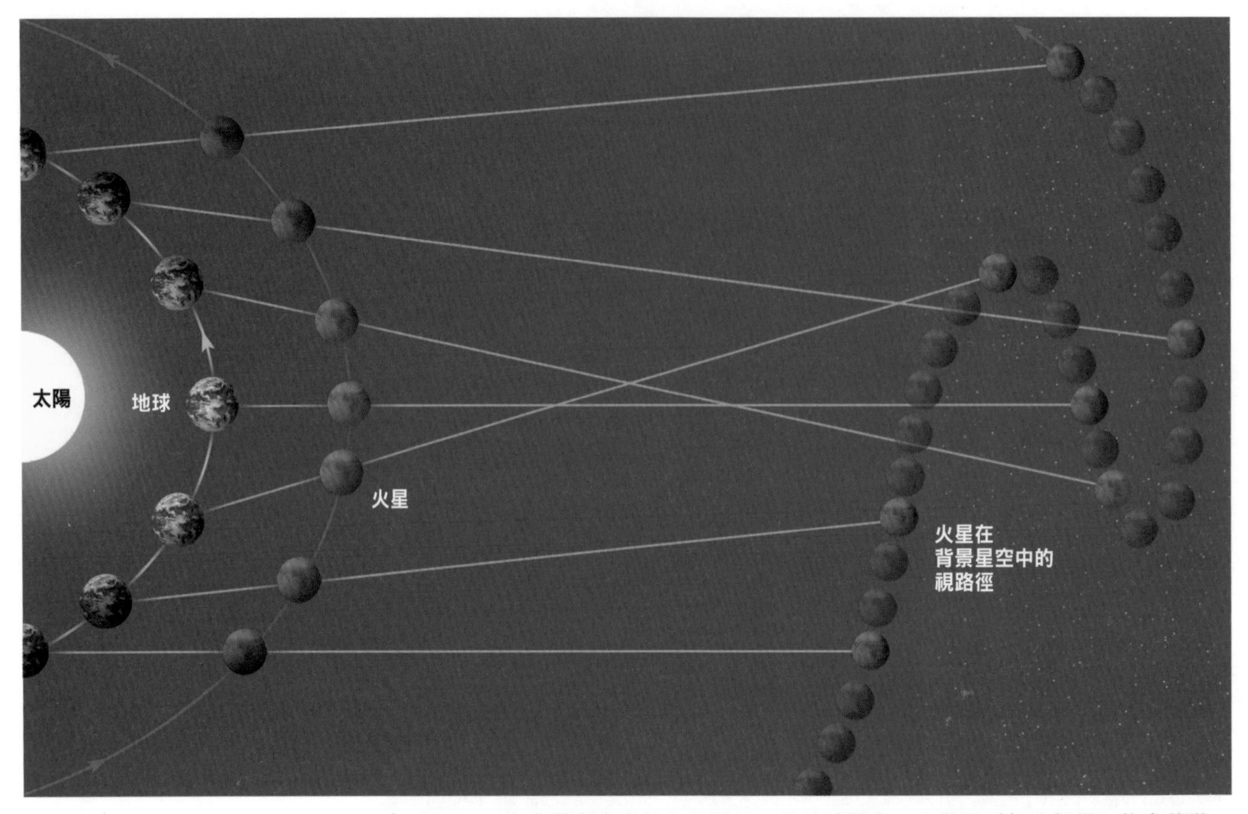

圖15.3 在背景星空中的火星逆行。從地球觀察，火星幾乎每天都從西往東移動，可是此移動會週期性的停止、反向。這是因為地球公轉速率比火星快，當地球從後方追過火星，我們觀察火星時就會看到這種往後方移動的逆行現象。

一輛走得較慢的車子，往窗外看時，會覺得那輛車一直後退。較慢的行星就像較慢的汽車，雖然它和較快的行星都往相同方向運動，但視覺效應會覺得較慢的行星在往後移動。

使用地心說模型很難精確的描述出行星逆行的現象，但托勒密做到了（圖 15.4）。他不是用單一的圓圈來表達行星的軌道，而是在軌道上還會有小圓圈（本輪），小圈圈會在較大的圓圈（均輪）上轉。藉由不斷試誤，他找出了能符合每顆行星逆行運動的圓圈組合（好玩的是，幾乎任何封閉曲線都可藉由兩個圓圈的組合來描述，就像是繪製幾何曲線的玩具那樣）。

托勒密用一個錯誤的模型還能把行星運動計算得那麼精確，實在是個天才！托勒密的模型可以精確預測型行星運行，而且與事實相輔，因此在十七世紀以前，這個模型除了細節上有些修正，在原理上是沒有人質疑的。如此預測出的行星運動，大約要花一百年或更長的時間才可觀察出與實際的差異，但此時學者會用新的觀察位置當起始點，再做修正。

在第四世紀羅馬帝國勢力衰退的時候，因為圖書館遭破壞，很多這些累積的知識也隨之亡佚。在希臘和羅馬文明都衰落後，天文學研究的中心轉移到巴格達，托勒密的學說也有幸翻譯成了阿拉伯文。隨後阿拉伯的天

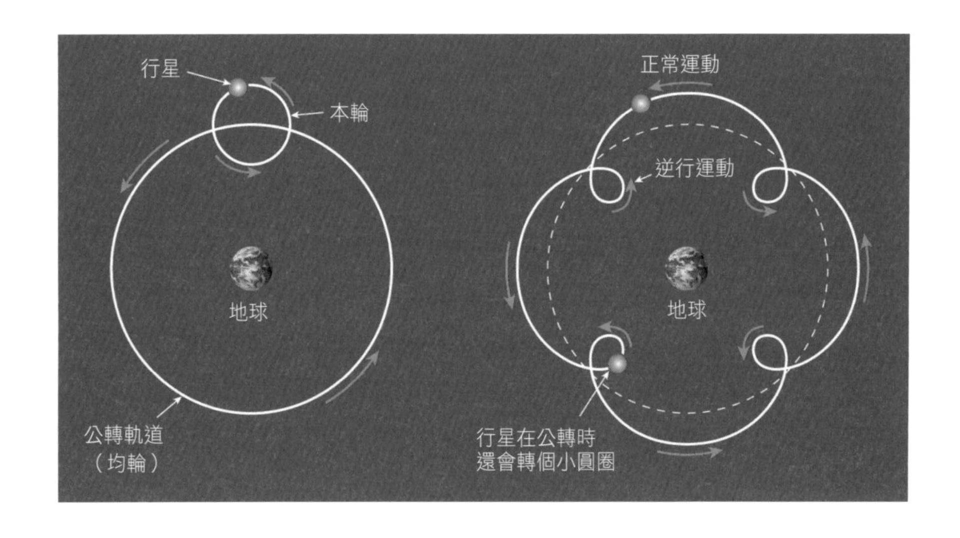

圖15.4　托勒密對行星逆行運動的解釋是：行星在背景星空中短暫的反向運動。在托勒密的模型中，行星繞行地球時，會在較大的圓圈（均輪）上繞行小圓圈（本輪）。經由試誤調整後，托勒密找到了能夠描述每顆行星逆行運動的圓圈組合。

文學家擴充了古希臘天文學家希巴爾卡斯（Hipparchus）的星表，把天空分成 48 個星座，這就是現代星座系統的基礎。直到第十世紀後，古希臘的天文學成果才由阿拉伯人重新帶回歐洲。托勒密模型很快被認定是天空的正確表徵，主導了歐洲的思想，但此時注意到誤差的人已感到很困擾。

近代天文學的誕生

托勒密以地球為中心的宇宙是無法立即拋棄的，近代天文學的發展，除了有科學奮鬥的歷程，還需要突破西方社會長達千年，根植於哲學與宗教的觀點。天文學的發展，是由於發現了一個全新且更廣大的宇宙，並從中找到支配宇宙的不同定律。天文學從只是描述觀察所得，到試著解釋觀察到的現象，這其中有五位著名科學家功不可沒，我們接下來將逐一檢視他們的研究成果，這五位科學家分別是哥白尼、第谷、克卜勒、伽利略與牛頓。

圖15.5 哥白尼是波蘭的天文學家，他相信地球只是一顆行星。

哥白尼

托勒密之後將近一千三百年，歐洲天文學都處於停滯狀態，有些古代的成就甚至還亡佚，包括大地是球狀的概念。中世紀之後第一位偉大的天文學家是波蘭的哥白尼（Nicolaus Copernicus, 1473-1543，圖 15.5）。哥白尼在發現古希臘學者阿里斯塔克斯（Aristarchus）的著作後，開始相信地球是一顆行星，就像當時知道的其他五顆行星那樣繞行太陽；並明白了每天的星空運轉，最簡單的解釋就是地球在自轉。

在把地球當成行星之後，哥白尼建立起一個以太陽為中心的模型，水星、金星、地球、火星、木星、土星全都繞著中心的太陽旋轉。相較於古代普遍把地球看做不動的宇宙中心，這是很大的突破。然而哥白尼沿用古代認為公轉軌道是圓的假設，因此無法精準預測行星的位置，所以還是得用托勒密本輪的概念，這個問題一直要等到一個世紀後，克卜勒發現行星的公轉軌道應為橢圓，才得以解決。

哥白尼和他的前輩天文學家一樣，也使用哲學辯證方式來支持自己的觀點：「……在所有的天體間，太陽位處中心。有誰能夠在這最華麗的聖殿當中，把這盞燈放在其他更好的位置，還能同時照亮整個空間呢？」

哥白尼的不朽著作《天體運行論》提出以太陽為中心的太陽系模型，然而書出版時，他已進入彌留階段，所以他從未像他的追隨者那樣遭受批評。雖然哥白尼的模型比起托勒密的，做了大幅度的改善，但他還是無法精確預測行星的運行，並說明行星運行的原因。

哥白尼系統對現代科學最大的貢獻，在於推翻了地球在宇宙中占有獨特地位的想法，在當時這種觀念遭很多歐洲人視為異端。膽敢宣傳此想法的學者有人因此喪命，布魯諾（Giordano Bruno, 1548-1600）便是其中之一，他在 1600 年因為宣揚哥白尼的日心說、且拒絕認錯，因此遭宗教法庭處以火刑。

第谷

第谷（Tycho Brahe, 1546-1601）是丹麥貴族，在哥白尼死後三年出生。聽說第谷是因為看到天文學家能夠事先預測日食，而開始對天文感興趣，他說服丹麥國王菲特烈二世在哥本哈根附近蓋了一座天文臺，由自己來管理，在裡面他設計並建造了有助於幫天體定位指向的儀器（當時只能用肉眼觀測，還要再等個數十年，才有望遠鏡的發明）。第谷累積了二十年有系統而且精確的星體定位觀測紀錄，這是後來驗證哥白尼理論的重要基礎（圖 15.7）。第谷的觀測精確度遠超過之前的天文學家，尤其是對火星的觀測，那真的是天文界的珍貴遺產。

第谷因為無法觀察到地球繞太陽公轉所造成的星體位置移動，因此不相信哥白尼的模型。他的論點如下：在差距半年的兩個時間，觀察距離比較近的星星，如果地球真的繞太陽公轉，則地球上的人會觀察到恆星視差（stellar parallax）的現象，看到較近的星星位置相對於遠方的星星會有移動，這就稱為*恆星視差*（請看第 185 頁的圖 16.2）。第谷這個想法是正確的，但問題在於他純憑肉眼的觀察精確度不夠，無法看到預期中的位移。恆星視差在望遠鏡發明之後才可觀察到，現在也成為測量較近恆星到地球距離的一個方式。

視差的理論很容易瞭解，你可以閉上一隻眼睛，用單眼觀察自己眼前垂直指向上的食指跟背景的關係；然後不要移動手指，改用另一隻眼睛觀察同樣的手指與背景的關係。你會發現，手指在背景中的位置會因為用不同的眼睛觀察而不一樣，手指伸得愈遠，相對的視移動愈小。第谷立論錯誤的地方在於，他對視差的想法雖然正確，但他無法意識到即使最近的恆星，也遠遠超過地球公轉軌道的寬度，因此第谷尋找的恆星視差，若沒有望遠鏡的輔助，根本無法看出。而當時，望遠鏡根本還沒發明出來。

隨著資助第谷的丹麥國王過世，他被迫離開原本的天文台，可能是他傲慢與奢侈的個性，讓他無法見容於新的統治者。第谷遷移到現在捷克的布拉格去，在他人生的最後幾年，他雇用了一名能幹的助手克卜勒。克卜勒保留了第谷的許多觀察紀錄，並將之做特別的運用。諷刺的是，這些原本讓第谷認為足以反駁哥白尼理論的資料，隨後在克卜勒手中卻化身為支持哥白尼理論的重要證據。

克卜勒

如果哥白尼預告了舊天文學的結束，則克卜勒（Johannes Kepler, 1571-1630）就代表了新天文學的開始（圖 15.6），他擁有第谷數十年的觀察資料、一顆良好的數學頭腦，而且最重要的是，對第谷資料的精確性有強烈的信心，克卜勒在這樣的條件下，計算出行星運動的三個基本定律。前兩個定律是由於他發現，自己無法把第谷對火星的觀測資料畫在一個圓形軌道上。他不願意承認這是觀測誤差造成的，因此尋找另外的解答。努力一陣子之後，他發現火星的軌道並不是完美的正圓，而是些微的橢圓（圖 15.7）。同時他也瞭解火星在橢圓軌道上公轉速率並不固定，當它離太陽近的時候速率快，離較遠的時候速率慢。

克卜勒經過了大約十年的工作，在 1609 年，提出了他的行星運動定律的前兩個定律：

1. 每顆行星繞行太陽的軌道雖然非常接近正圓，但事實上是橢圓，太陽位於其中一個焦點上（圖 15.7）。
2. 每顆行星公轉繞行太陽時，如果想像有一條連接太陽與行星的線，這條線在相同時間下掃出來的面積會相等（圖 15.8），這個等面積定律的幾何意涵，是指行星在軌道上的速率會改變。

圖 15.8 說明第二定律。請注意，為了要讓行星與太陽的連線，在相同時間內掃過相同的面積，因此就會在距太陽近的時候比較快，在距太陽遠的時候比較慢。

克卜勒是信仰虔誠的人，認為造物者創造的是有秩序的宇宙，且行星的位置與運行方式會反映出這樣的規律。為了要發掘出這個和諧性，這個

圖15.6　德國天文學家克卜勒藉由三大行星運動定律，開啟了近代天文學的數學基礎。

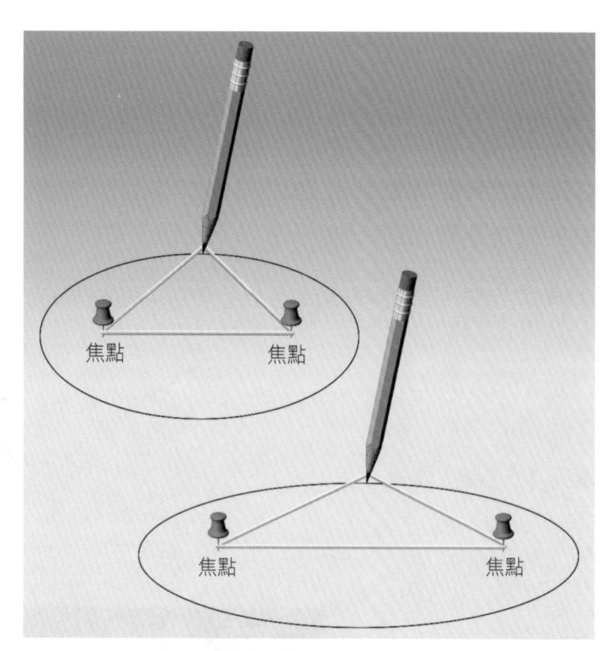

圖15.7 不同離心率的橢圓畫法。使用兩個圖釘當焦點，並將一條線的兩端固定於焦點上，用筆把線拉直後，筆移動的軌跡就是橢圓。在相同的直線下，兩個焦點的距離愈遠則橢圓愈狹長。

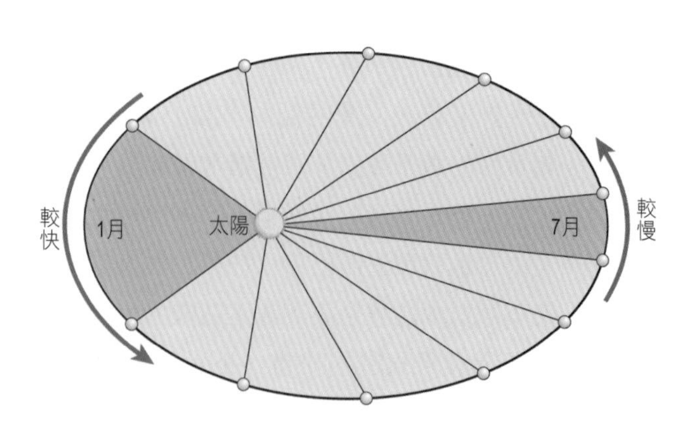

圖15.8 克卜勒的等面積定律。連接地球到太陽的線，在相同時間掃出的面積會相等，所以地球距離太陽較遠（在遠日點）時，公轉得較慢，距離較近時（在近日點）公轉較快。本圖為了強化解說效果，誇大了地球公轉軌道的離心率。

問題困惑了他將近十年。到了1619年，克卜勒才在《天體的和聲》（*The Harmony of the Worlds*）一書中，發表他的行星第三運動定律：

3. 行星的公轉週期和行星到太陽的距離有比例關係。簡單來說，行星的軌道週期都以地球年來計，把其他行星到太陽的距離換算成「日地距離」（這稱為**天文單位**，簡寫為AU，等於1億5千萬公里）的倍數。用這樣的單位去看，克卜勒第三運動定律的意思是，「行星軌道週期的平方」等於「該行星到太陽平均距離的立方」。換個角度來看，如果知道一顆行星的軌道週期，則可計算出它到太陽的平均距離。例如火星的軌道週期為 1.88 年，它的平方等於 3.54，把 3.54 開立方可以得到 1.52，這就是火星到太陽的平均距離，單位為 AU（表 15.1）。

克卜勒的定律支持行星繞行太陽，也就是支持了哥白尼的理論。然而克卜勒並未找出讓行星公轉運動的力，這個工作留就給了伽利略和牛頓來完成。

表15.1　太陽系的行星公轉週期與行星到太陽的距離

行星	到太陽的距離（AU）*	週期（年）	離心率 0 = 正圓
水星	0.39	0.24	0.205
金星	0.72	0.62	0.007
地球	1.00	1.00	0.017
火星	1.52	1.88	0.094
木星	5.20	11.86	0.049
土星	9.54	29.46	0.057
天王星	19.18	84.01	0.046
海王星	30.06	164.80	0.011

*AU代表了天文單位

伽利略

圖15.9 義大利科學家伽利略。他使用望遠鏡這個新發明來觀察太陽、月亮、和行星，獲得比以前更仔細的資料。

伽利略（Galileo Galilei, 1564-1642）是文藝復興時期義大利最偉大的科學家（圖 15.9）。他和克卜勒屬於同個時代，也強烈支持哥白尼的日心說理論。伽利略對科學最大的貢獻是，他根據實驗結果來描述物體的運動行為。這種根據實驗結果來決定自然定律的方法，從古希臘之後就失傳了。

在伽利略之前的所有天文現象，都是在沒有望遠鏡的情況下所做的觀測。1609 年，伽利略聽到一個荷蘭眼鏡商設計了一組透鏡系統，可以讓遠處的物體看起來變大。他跟人打聽一些製做上的細節後，在沒看到別的望遠鏡成品前，就製做出一個放大倍率為 3 的望遠鏡。他馬上又做出許多個望遠鏡，放大倍率最高的達到 30。

在這個望遠鏡的輔助下，伽利略能夠以新的方式來觀看宇宙，發現了很多重要的現象，可以支持哥白尼的宇宙觀，內容如下：

1. 發現木星周圍有四個較大月亮圍繞。這個發現破除了舊的觀念中，把地球看成宇宙運轉圍繞的唯一中心，因為明明就看到了另一個運轉中心──木星。還可以根據這些月亮的週期，計算出地球公轉繞行太陽時，距離木星的遠近。
2. 發現行星並非如過去所認為的是點光源，而是有大小的盤面，這意味行星可能比較像地球，而非像恆星。
3. 發現金星有像月亮盈虧一樣的相位變化，而且其呈現圓形的時候盤面看起來最小，這意味它此時距離地球最遠（見圖 15.10B）。這樣的觀察顯示，金星繞行它的光源──太陽。圖 15.10A 則是根據托勒密的理論繪製，金星的軌道介於地球與太陽之間，若此為真，那在地球上只能夠觀察到新月型的金星。

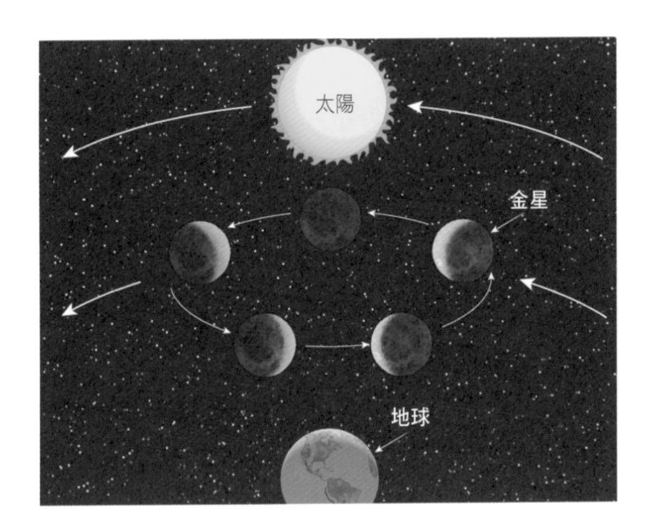

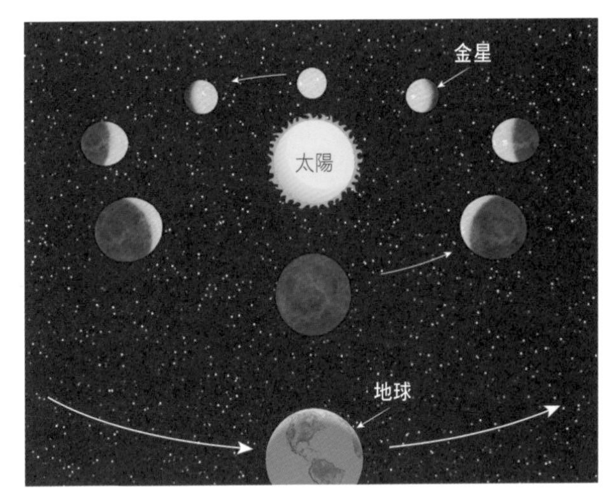

圖15.10 伽利略使用望遠鏡觀察，發現金星像月亮般有盈虧變化。
A. 在托勒密以地球為中心的理論中，金星軌道介於太陽和地球之間。因此在以地球為中心的系統，地球上能觀察到的金星形狀，只有新月型。
B. 在哥白尼以太陽為中心的理論中，金星繞太陽公轉，所以地球上可以看到金星的所有盈虧相位變化。

4. 發現月球表面並非像古書寫的那樣，如玻璃球般光滑平整。伽利略發現，那裡就像地球一樣有高山、坑洞、以及低地平原。但他那時看到低地平原以為那是「海」，這個觀念受其他學者的推波助瀾，由月球表面特徵的命名可見一斑，例如寧靜海與風暴洋等。
5. 發現太陽表面有黑點（但直接用望遠鏡看太陽的行為，可能對伽利略的眼睛造成傷害，致使他後來眼盲），這是由於該處的溫度比周圍低所造成的現象。他根據這些黑點的移動，計算出太陽的自轉週期少於一個月，這意味又有個天體是「有瑕疵」且有旋轉運動。

這裡的每一個觀察，都衝擊過去記載於書上，並廣為流傳的宇宙特性。

到了 1616 年，教會宣布哥白尼的理論與《聖經》牴觸，因為它沒有把人放在宇宙中心的恰當位置，而伽利略也被告知，要揚棄這個想法。但伽利略沒有因此打消念頭，仍開始撰寫他那有名的著作《兩大世界體系的對話》（*Dialogue of the Great World Systems*），雖然健康狀況不佳，他仍然完成此書，並且在 1630 年到羅馬尋求教宗伍朋八世（Pope Urban VIII）的出版允許。因為這本書採取對話的形式，對托勒密與哥白尼學說都充分解釋，因此得以出版。

然而攻擊伽利略的人很快就瞭解，這本書骨子裡還是認為哥白尼的觀點優於托勒密的觀點，因此書很快就被禁，伽利略也被召回審判，罪名是宣揚與教會立場相牴觸的邪說，最後被判終身軟禁在家，度過他人生的最後十年。

伽利略雖然遭受軟禁，外加喪女之痛，卻依然持續工作。他在 1637 年雙眼全盲，仍然於次年完成他最佳的科學作品，一本探討物體運動的書，在其中他敘述運動中物體的自然傾向，是繼續保持運動。稍後因為發現了更多支持哥白尼理論的科學證據，教會終於讓伽利略的書籍解禁。

牛頓爵士

牛頓（Isaac Newton, 1642-1727）在伽利略去世的那年誕生（圖 15.11）。他在數學和物理上的諸多成就，讓後人稱讚是「歷來最絕頂聰明的人」。

雖然克卜勒和其後的許多科學家，嘗試解釋造成行星運動的力，但都不算成功。克卜勒相信是有力作用在行星上，推著行星沿軌道運動。到了伽利略才對運動有比較正確的認識，瞭解並不需要力就能讓物體保持等速直線運動。克卜勒提出看法，認為物體在不受外力影響下，會繼續保持原本的等速運動，且維持在一直線上。這個概念稱為慣性，稍後被牛頓寫入他的第一個運動定律中。

然而，問題是這並沒有解釋行星運動的方式，反倒要確定是什麼力讓行星在太空中不以直線前進，一直到牛頓開始瞭解，重力是一種力才得以解決。牛頓在 23 歲的時候，他想像地球的重力會持續延伸到太空中，拉住月球在軌道上繞行地球，雖然也有其他人提出這種力的存在，但他是第一位寫成萬有引力定律並加以測試的人。定律內容是：

圖15.11 英國科學家牛頓爵士把重力解釋為維持行星在軌道上繞行太陽的力。

宇宙中的每個物體都有吸引其他物體的力，
其數值與相吸物體的質量成正比，
與其距離的平方成反比。

所以重力會隨距離的增加而減少，因此當物體從原本相距的 1 公里擴展為 3 公里時，這個力會減少為原本的 3^2 之一，也就是變為原本的 1/9。

你知道嗎？

伽利略經由實驗發現，掉落物體的加速度與本身重量無關。根據一些說法，伽利略是在比薩斜塔上面同時丟下鐵球與木球，展示它們同時落地，而得到證明。雖然這是廣為流傳的故事，但伽利略可能沒打算做這個實驗，畢竟還有空氣阻力這個不確定的因素會影響實驗結果。這個實驗一直到四個世紀後才在月球上完成，阿波羅 15 號的太空人史考特（David Scott）用一根羽毛與鐵鎚來做實驗，而它們落下的速率的確相同。

重力定律也顯示，當兩物體的質量愈大，則其間的重力也會愈大，例如月亮對地球的重力強到會引起潮汐作用，但地球上的通訊人造衛星質量很小，所以對地球的作用很少。

牛頓還用他歸納出的運動定律，證明太陽的重力加上行星會傾向直線運動，就是讓行星在橢圓軌道上繞行的原因，就如同克卜勒之前所證明的那樣。例如地球在軌道上的公轉速率是每秒 30 公里，而在相同的 1 秒內，太陽的引力把地球拉靠近太陽 0.5 公分。這是一個綜合的作用，包括了行星原本保持直線運動的傾向，以及受到太陽引力作用而「掉落」的運動，這樣就形成了地球繞太陽的軌道（圖 15.12）。如果重力不見了，則地球會沿直線往外太空走；相反的，如果地球本身的運動忽然停了，則地球會受重力拉動，掉向太陽。

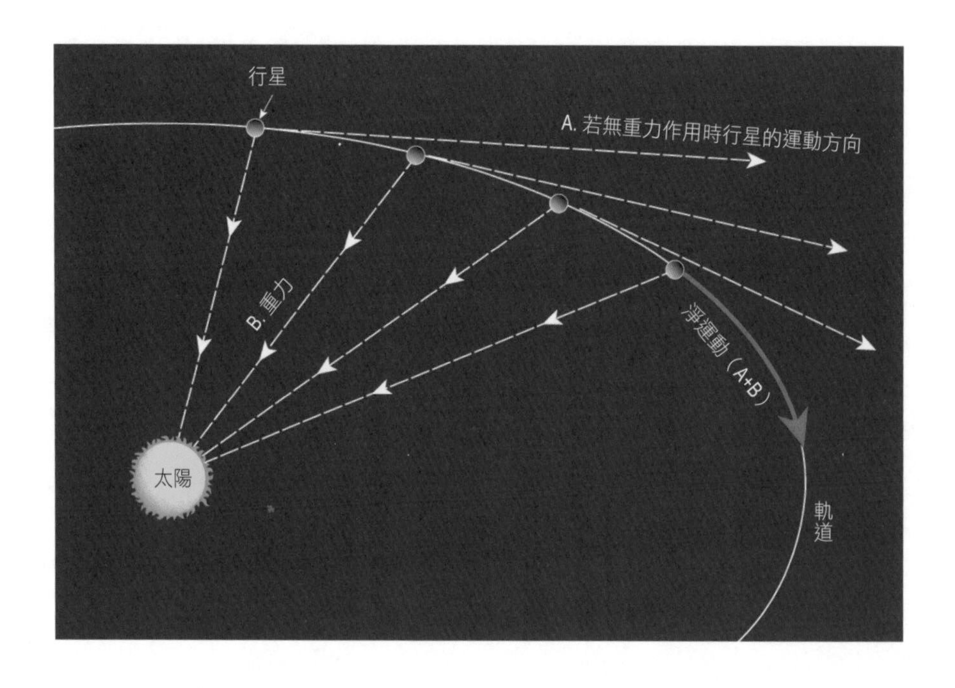

圖15.12 地球和其他行星的軌道運動。

牛頓使用了萬有引力定律，重新詮釋克卜勒的行星運動第三定律，克卜勒的第三定律說明了「行星的軌道週期與行星到太陽距離」的關係。在牛頓的版本中，把牽涉其中的天體，其質量都納入克卜勒的第三定律，因此若已知其中一個衛星的軌道，就有方法決定受圍繞物體的質量。例如太陽的質量可以由地球的公轉特性計算出來，地球的質量可以由月球的公轉特性計算出來，任何一個天體的質量也可由其衛星的公轉特性算出。

我們的太陽系：綜合概述

太陽是我們這個運轉系統的中心，寬達數兆公里，包含了 8 個行星與它們的衛星，以及其他無數的小行星、彗星、流星體（圖 15.13）。太陽系當中 99.85%的質量在太陽，整體而言，行星占了剩下 0.15%質量的大部分。從靠近太陽的順序開始，八個行星依序是水星、金星、地球、火星、木星、土星、天王星和海王星。冥王星最近才重新分配到一個新的天體類別當中，稱為*矮行星*（dwarf planet）。

在太陽的重力作用下，所有的行星都以相同的方向在略橢圓的軌道上繞行太陽（表 15.2）。重力的因素會造成離太陽愈近的，繞行愈快。所以水星公轉速率每秒 48 公里是最高的，同時繞行的週期也最短，只要 88 個地球日。相反的，矮行星冥王星的公轉速率很慢，每秒僅 5 公里，同時需要 248 個地球年才能繞行太陽一圈。太陽系中多數較大的星體軌道幾乎是同平面，我們稱為*黃道面*，可由表 15.2 看到其中關係。

太陽黑子的週期，以及對地表和人類活動的影響

太陽黑子的數目變化有其週期，長度約11年。週期剛開始時，黑子的數目很少，接下來黑子數逐漸增加，五、六年後達到高峰，之後數目會下降，然後進入另一個週期的開始。目前預估下次黑子數量最多的時候，應該在2013年。

通常黑子會成對出現，一個在前、一個在後，二者磁極相反，而且南北半球的前導黑子，磁性也相反。例如北半球的前導黑子如果是N極，後面跟著的會是S極，而南半球的前導黑子會是S極，則後面跟著是N極。等到下一個週期，情況又會反過來。因此如果考慮黑子磁性互換的特性，黑子的完整週期應該是22年。

黑子的磁場比周圍其他地區強，目前的理論認為：黑子是因為太陽這顆巨大的帶電粒子流體球，在自轉多次之後，不同緯度的轉速差異（差動旋轉）讓磁力線扭曲在一起；黑子出現，代表扭曲的磁力線正在重整，因此局部地區的磁場特別強，限制了帶電粒子的行動，使底下能量無法正常傳輸出來，導致該區域溫度較低（3,000K至4,500K左右），與旁邊較亮的區域（5,800K）相比，就顯現出暗黑色，也就是我們看到的太陽黑子。

被太陽黑子壓抑下來的能量，會在底下儲存，累積到足夠的時候，便會爆發形成閃焰，此時會輻射出大量的X射線、紫外線、可見光，以及高速的質子與電子。如果能量很大且正對地球而來，就可能對高空的人造衛星造成干擾，對太空站裡的太空人造成輻射傷害。太空天氣預報就是在監測太陽的活動，事先提醒大家做好防備，把可能的傷害降到最低。

如果太陽黑子風暴真的非常大，有可能飛機都要停飛，地面的變電站也都要有防護，特別是高緯度的地區。高空中的人造衛星可能也要暫時關閉或是調整方向，以減少衝擊。而我們一般民眾，應在風險最高的時間把插頭都拔掉。不過太陽黑子風暴若只是一般等級，則並不需要過於緊張。（范賢娟　撰）

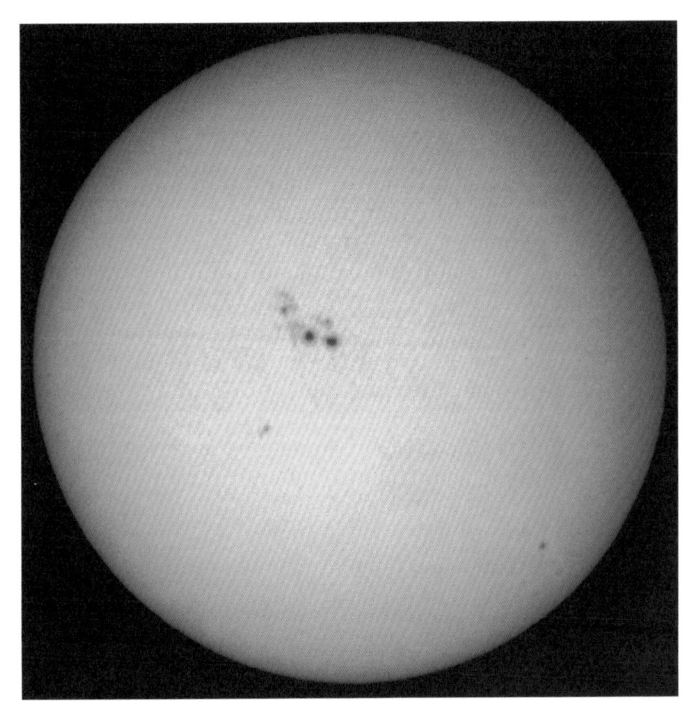

成對出現的太陽黑子（Photo by NASA）

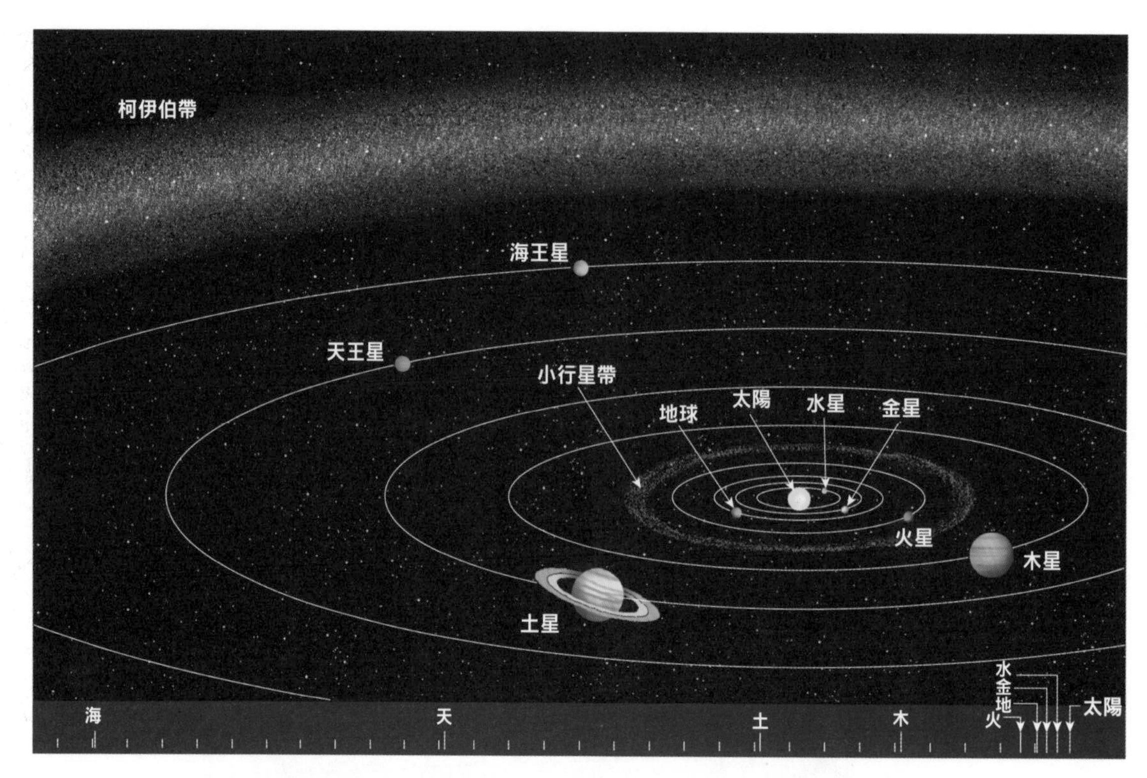

圖15.13 行星的軌道。行星的軌道大小比例在圖底下以尺標表示。

星雲說是用來解釋太陽系形成的假說，它認為太陽和行星的前身是星際氣體（主要是氫和氦）與灰塵所組成的旋轉雲氣（稱為**太陽星雲**）。當太陽雲氣因為重力收縮，多數的物質會集中在核心，形成炙熱的*原太陽*。剩下的物質散布在一個扁平狀的厚旋轉盤上，其中的物質逐漸變冷、凝聚形成冰與石頭夾雜的塵粒和團塊。在不斷的碰撞下，盤面上大多數的物質逐漸匯聚成流星體般大小的物體，稱為**微行星**。

表15.2　太陽系的行星資料

行星	符號	到太陽的平均距離（AU*）	到太陽的平均距離（百萬公里）	公轉週期	軌道傾角	公轉速度（公里/秒）
水星	☿	0.39	58	88^{d}	7° 100′	47.5
金星	♀	0.72	108	225^{d}	3° 24′	35.0
地球	⊕	1.00	150	365.25^{d}	0° 00′	29.8
火星	♂	1.52	228	687^{d}	1° 51′	24.1
木星	♃	5.20	778	12^{yr}	1° 18′	13.1
土星	♄	9.54	1427	30^{yr}	2° 29′	9.6
天王星	⛢	19.18	2870	84^{yr}	0° 46′	6.8
海王星	Ψ	30.06	4497	165^{yr}	1° 46′	5.3

行星	自轉週期	直徑（公里）	相對質量（地球=1）	平均密度（g/cm^3）	扁平率（%）	離心率§	目前已知衛星數§§
水星	59^{d}	4,878	0.06	5.4	0.0	0.206	0
金星	243^{d}	12,104	0.82	5.2	0.0	0.007	0
地球	$23^{h}53^{m}04^{s}$	12,756	1.00	5.5	0.3	0.017	1
火星	$24^{h}37^{m}23^{s}$	6,794	0.11	3.9	0.5	0.093	2
木星	$9^{h}56^{m}$	143,884	317.87	1.3	6.7	0.048	63
土星	$10^{h}30^{m}$	120,536	95.14	0.7	10.4	0.056	61
天王星	$17^{h}14^{m}$	51,118	14.56	1.2	2.3	0.047	27
海王星	$16^{h}07^{m}$	50,530	17.21	1.7	1.8	0.009	13

* AU：天文單位，地球到太陽的平均距離。
§ 離心率：代表公轉軌道相對正圓的差距，數字愈大代表愈不接近正圓。
§§ 這是 2009 年 8 月之前所發現的衛星數量。

微行星的成分主要由它們到原太陽的距離來決定。就如你所預期，愈靠近太陽系內部，溫度愈高，愈往盤面外圍，溫度會逐漸遞減。所以水星與火星軌道之間的微行星，主要是高熔點（金屬或石塊）的物質。經由不斷的碰撞和結合增生，這些流星體般大小的物體，逐漸形成後來的水星、金星、地球與火星的四顆**原始行星**。

在火星軌道之外生成的微行星，溫度比較低，所以含冰（成分不僅是水，還有二氧化碳、氨與甲烷）的比例較高，另外也會有石塊與金屬的殘骸。外側那四顆行星就是以這樣的微行星素材形成的，由於冰的因素，這些外圍的行星會有較大的體積與較低的質量。這其中質量最大的兩顆行星是木星與土星，其表面重力大到可以讓氫與氦等較輕的元素留存其中。

原始行星形成後，藉由重力吸引星際塵埃，大約要數十億年才能形成行星。這期間撞擊頻率很高，行星藉由撞擊清除軌道附近的殘存物質。月球表面還留有這時期的撞擊「傷痕」證據。有一小部分的星際物質，躲過了這狂暴的時期，成為小行星、彗星與流星體。相較之下，目前的太陽系是個比較平靜的地方，雖然偶爾還是會有撞擊，但頻率已經大幅減少。

內在結構和大氣

行星以其所在的位置、大小和密度可分為兩類：**類地行星**（包括水星、金星、地球和火星）與**類木行星**（包括木星、土星、天王星與海王星）。由軌道位置來看，類地行星又稱為*內行星*，類木行星稱為*外行星*。而行星的位置又和其大小有關係，內行星相對於外行星全都較小，因此外行星又有*氣體巨行星*的稱號。例如類木行星中最小的海王星，直徑也有地球或金星的 4 倍大，而海王星的質量則是地球或金星的 17 倍大（圖 15.14）。

圖15.14　根據比例尺繪出的行星大小。

行星的差異還包括了密度、化學成分、軌道週期與衛星數目。化學成分的差異會影響到密度，類地行星的平均密度是水的 5 倍左右，類木行星的平均密度則是水的 1.5 倍左右，土星的密度甚至僅有水的 0.7 倍，這意味著如果有足夠大的水體可讓土星浸入其中，土星將會浮在水面上。外行星的軌道週期會比較長，同時也會有較多的衛星圍繞。

內在結構

地球形成之後，聚集的物體會形成三層，以其中的化學成分劃分為：殼層、函部與核心。外行星的內部結構，也有同樣的化學分層，但因為這兩類行星的成分基本上有差異，因此區分出的結構也不同（圖 15.15）。

類地行星密度較大，有較大的鐵與鐵化合物形成的核心，愈往外，鐵的含量愈少，含矽的石質礦物成分則逐漸增加。地球跟水星的外核都是液體，金星和火星的外核則被認為只有部分熔融。這樣的差異可能在於金星和火星的內部溫度比地球和水星的低。類地行星的函部是由矽質礦物和其他較輕的化學成分組成的。殼層也是由矽質成分所組成，厚度很薄。

木星與土星這兩顆最大的行星，有較小的金屬核，這是由鐵化合物在高溫高壓下組成的。這兩個巨行星的外核應該是液態的金屬氫，而其函部應該是液態的氫與氦。最外層則是由氣態或固態的氫、氦、水、氨和甲烷所組成，因此這兩個行星的密度很低。天王星與海王星的金屬核較小，而其函部可能充滿較熱且密度較高的水與氨。在函部之上，氫與氦的含量逐漸增加，但相較於木星與土星的情況，天王星與海王星凝結的比例低很多。

行星的大氣

類木行星的大氣非常濃厚，主要成分是氫與氦，而水、甲烷、氨和其他碳水化合物的量不高。由於類木行星的大氣很濃厚，因此無法區分出大

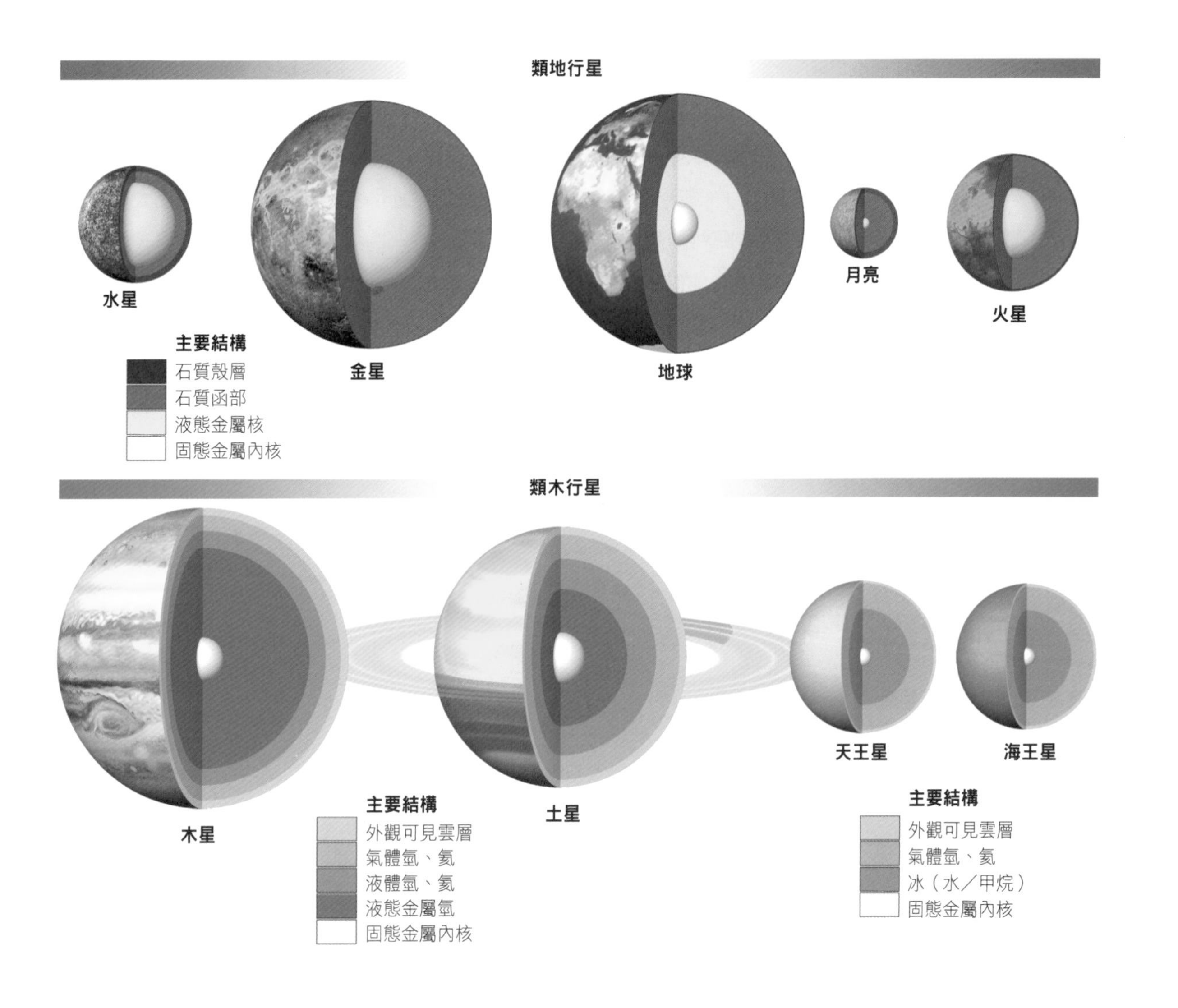

圖15.15 行星的內部結構。

氣與行星的明顯界線。相反的，類地行星，包括地球都有較稀薄的大氣，成分為二氧化碳、氮、與氧。

有兩個因素可用來解釋這樣的差異：太陽熱源（溫度）和重力的影響（圖 15.16）。這兩個變因影響了行星捕抓到哪些類型的氣體，以及太陽系在形成後有哪些氣體可以留下。

行星形成時，太陽系的內部溫度太高，以致於冰和氣體無法凝結；而類木行星形成的時候，溫度較低且遠離太陽這個熱源，因此水蒸氣、氨、甲烷都有機會凝結成冰，所以氣體巨行星包含較多揮發性的物質。當行星持續成長，木星與土星這兩顆最大的類木行星，自然吸引了大量的氫與氦之類的較輕氣體。

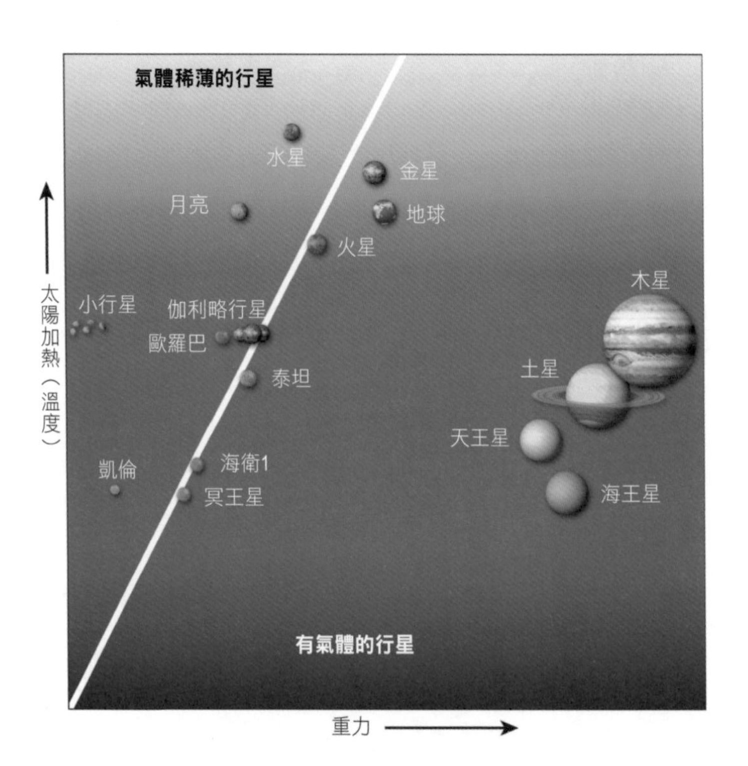

圖15.16 造成行星有無濃厚大氣的因素。
因為類地行星與太陽熱源太近且在自己重力不足的情況下，無法保留較多的氣體；而具有濃厚大氣的則是遠離熱源且自身有較強的重力吸引。

地球上的水和其他揮發性氣體是如何來的呢？目前看來，有可能是在太陽系初期，正在發展的原始行星的重力，讓那些微行星有比較橢圓的軌道，所以地球有機會與在火星軌道外形成的冰塊物質撞擊。對目前生存在地球的生物而言，這是非常幸運的結果。

水星、我們的月亮、以及無數其他的小天體，在發展過程中即使也遭這些冰塊物質撞擊，卻因為重力不足而缺少顯著大氣（圖 15.16）。簡單來說，質量較輕的行星會因為氣體分子只需要一些速度，就能逃離那微弱的重力吸引，因此容易喪失大氣。比較溫暖的天體例如月亮，如果表面引力不夠大，則連較重的氣體如二氧化碳或氮氣都無法抓住。水星也僅能有微量的氣體。

質量略大的類地行星如地球、金星與火星，則能保存較重的氣體，包括水蒸氣、氮氣與二氧化碳。然而它們的大氣與整體質量來看，比例非常小。類地行星發展的早期，可能有比較濃厚的大氣，然而隨時間過去，這些原始大氣在特定氣體逐漸流失到太空後逐漸改變，例如地球大氣中的氫與氦（兩種最輕的氣體）逐漸消散到太空中，這是在地球大氣頂端不斷發生的事情，那裡的空氣稀薄，沒有任何條件可以阻止這些輕快的氣體離子往太空中散逸。能夠讓物體逃離行星重力的速度稱為**脫離速度**。氫是最輕的氣體，最易達到脫離地球重力的速度。

行星撞擊

在太陽系的歷史中，行星撞擊不斷發生。在缺乏大氣包覆的天體上，例如月亮與水星，即使是最小的星際殘骸，也能在個別的礦物顆粒上產生極微小的坑洞。相形之下，較大的**撞擊坑**則是由較大的天體，例如小行星或彗星撞擊所造成的。

證據顯示，行星撞擊在太陽系早期比現在還常發生，最劇烈撞擊的年代大約在距今 38 億到 41 億年前，過了這時期，撞擊的頻率大幅度減少，到如今僅是維持相當低的定值。由於月亮與水星上幾乎沒有風化和侵蝕作用，因此那裡保留了許多撞擊痕跡可供研究。

較大的行星則會有濃厚的大氣可以保護，撞擊物因而碎裂或減速。例如地球的大氣讓 10 公斤以下的隕石，在穿透大氣時至少減少 90%的速率。所以低質量天體的撞擊，在地球上造成的坑洞不大。但地球大氣在減緩大型天體撞擊時，功能不大，所幸這情況並不常發生。

圖 15.17 說明了大撞擊坑的形成過程。隕石高速撞擊，擠壓碰撞處的物質，同時也會有物質從表面彈射濺出，轟出的坑洞直徑可達數公里，中間則會有一個小丘突起，如圖 15.18 顯示的情況。此時很多物質被排出，稱為*噴出物*（ejecta），落在隕石坑的四周，形成坑洞獨特的邊緣。大型的隕石撞擊可能會生成熱，足以讓一些遭撞擊的岩石熔化，因此會有些玻璃碎屑產生，同時也可能會有岩石因為撞擊的熱量，把破裂的碎屑也熔融結合在一起，這些樣本都可以在月球上蒐集到，讓行星地質學家可以更瞭解這些事件。

你知道嗎？

雖然人類早就懷疑太陽系外應該也有行星存在，但一直到最近才真正加以證實。天文學家測量一些距離較近的恆星之明確的週期擺動，據此找到了系外行星。最早是在 1995 年發現一顆行星，它圍繞距地球 42 光年的飛馬座編號 51 恆星。自此以後，不斷發現許多類似木星大小的天體，大部分都非常靠近它們公轉繞行的恆星。

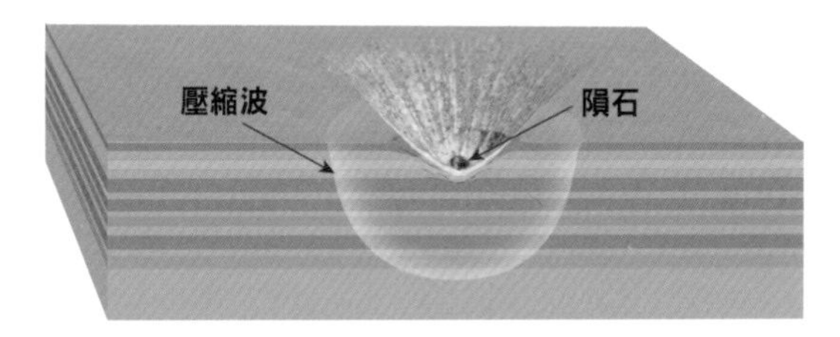

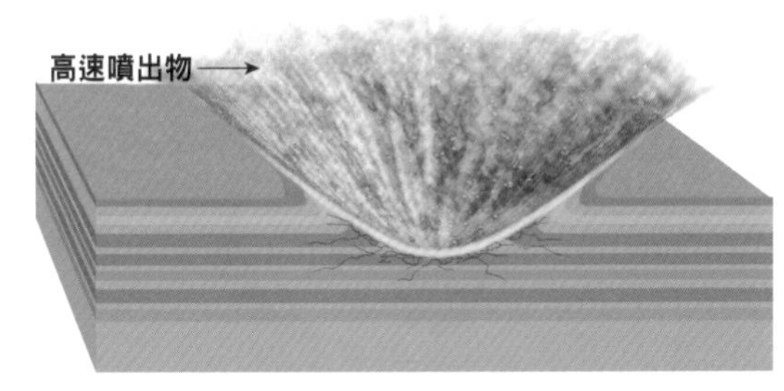

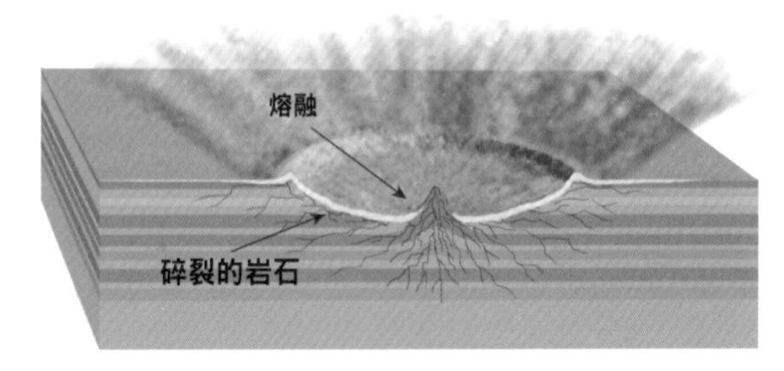

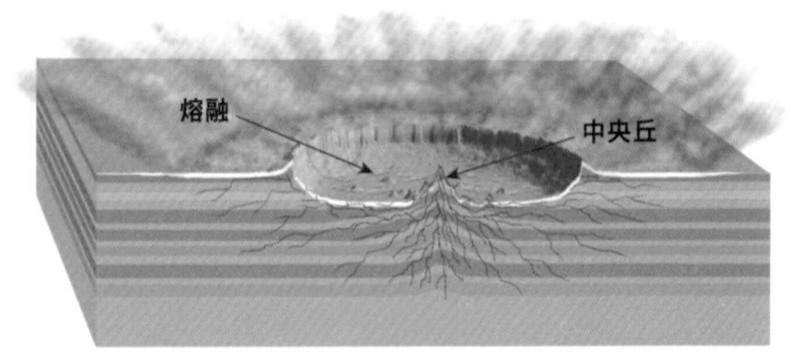

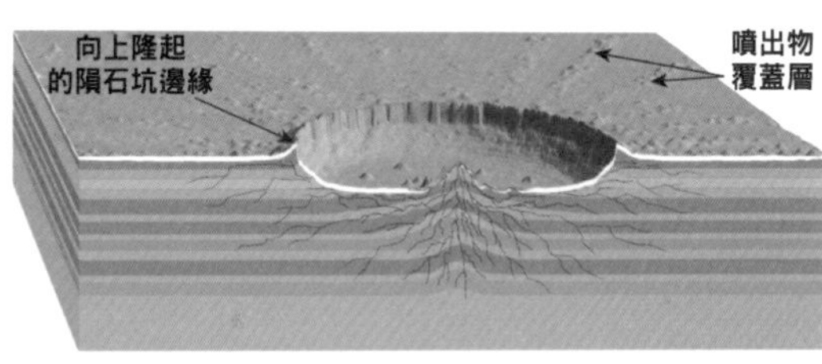

圖15.17　撞擊坑的形成。隕石的大量動能轉換為熱能和壓縮波，遭擠壓的物質會反彈，許多噴出的殘骸因而散落在坑洞周圍。熱也會熔化部分物質，造成玻璃碎屑。撞擊坑的噴出物，也會在旁邊造成次級撞擊坑。
（After E. M. Shemaker）

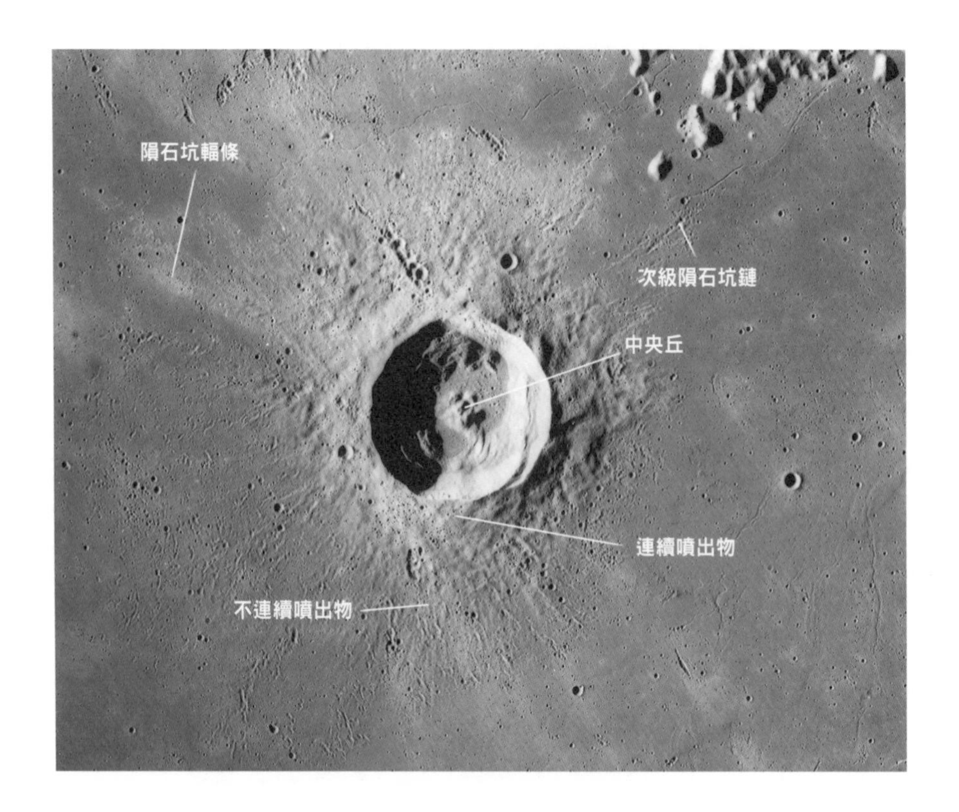

圖15.18 月球上，位在雨海西南方的歐拉隕石坑（crater Euler），直徑有20公里。從圖中可以看到亮線、中央丘、次級隕石坑和隕石坑邊緣附近大量噴出物造成的堆積。（Courtesy of NASA）

地球的月亮：舊世界的丁點兒線索

地月系統是非常獨特的，因為以衛星和行星的大小比例來看，我們的月球是比例上最大的衛星。類地行星中，只有火星也有月球，但它的月球像是兩顆不小心抓來的小行星。其他類木行星的 150 多顆衛星，多數都是較低密度的石冰混合物，沒有一個像我們的月亮一樣。稍後將會提到，我們這獨特的系統和一開始創造時的機制有密切的關係。

月球的直徑是 3,475 公里，大約是地球 12,756 公里直徑的 1/4。月球上的表面溫度白天大約 107℃，晚上則是零下 153℃。因為它的自轉週期與公轉週期一樣，因此月球始終以同一面朝向地球，阿波羅登月計畫所選擇的降落地點，都是在面向地球的這一面。

月球的密度是水的 3.3 倍，相當於地函的密度，但比地球的平均密度（水的 5.5 倍）還要小。月球的鐵核較小，應該是造成它密度低的原因。

月球的質量比地球低，因此它的引力只有地球的 1/6。如果一個 90 公斤重的人，到了月球上只會剩下 15 公斤重（雖然這個人的重量在此二處不同，但質量仍是相同），因此太空人在月球上可以輕鬆的攜帶較重的維生系統走動。如果太空人在月球上不要帶那麼重的裝置，則他可以跳得比在地球上還要高 5 倍。月球的低質量（低重力）是無法維持大氣的主要原因。

月球如何形成？

直到最近，科學家才開始對我們最近的鄰居（月球）的起源有重要的討論。最近的理論顯示，地球太小，無法同時形成一個月亮，尤其是這麼大的月亮；但如果是補抓來的月亮，則會有像類木行星的衛星那樣，有比較橢圓的公轉軌道。

目前的看法是，大約在 45 億年前，一顆火星大小的天體與當時半熔的地球衝撞（當時這類型的撞擊應該很常發生），碰撞後的地函噴出物在地球軌道中逐漸凝結，然後形成月球。根據電腦模擬可以看到，最多物質是來自岩石材質的地函，而撞擊體的核心則變成地球的一部分。這個碰撞模式和目前觀測到月球的低密度相符合，而月球內部結構（較大的月函與較小的含鐵核心）也與這樣的推測相同。

月球表面

當伽利略把望遠鏡轉向月球觀察，他看到了兩種不同的地形，黑色的低地以及充滿坑洞的白色高地（圖 15.19）。因為黑色區域看起來很平，就如同地球的海一樣，因此稱之為**月海**。阿波羅 11 號確定了那個極度平坦的平原，是由玄武岩熔岩組成的。這些廣大的平原多集中在月球面向地球的這面，約占月球表面的 16%。由於月球表面缺少火山錐，因此一般認為它像美國哥倫比亞高原熔融的玄武岩質岩漿那樣，是從內部湧出而形成。

圖15.19 從地球用望遠鏡觀察到的月球表面。主要特徵是黑色的月海，以及淺色又充滿坑洞的高地。（Photo©UC Reqents/Lick Observatory Image）

相形之下，月球上顏色較亮的區域比較像地球的大陸地殼，所以最早觀察到的人稱其為**高地**，這些區域目前仍稱為**月球高地**，因為它們比起低平的月海要高了數公里。從高地帶回的岩石樣本顯示，那裡主要是在月球早期歷史中，遭巨大撞擊擠壓碎的角礫岩。月球上的明暗相對的圖形在人類歷史上有過各種不同的傳說，有的會說成月亮裡面有人。

月球最明顯的特徵是有很多撞擊坑。最大的坑洞直徑約 250 公里，差不多是從台北到斗六的距離。較大的坑洞，例如克卜勒坑與哥白尼坑（直徑分別為 32 和 93 公里，見圖 15.19），是由直徑 1 公里或更大的天體撞擊而成的。這兩個撞擊坑，因為還可以看到明顯的白色輻條（顏色較淡的噴出物）從坑洞往外輻射出數百公里，因此相對之下被認為屬於比較年輕的坑。

月球表面的歷史

有關月球表面歷史的研究，主要是根據阿波羅任務帶回的岩石所做的放射性定年而來。另外還有隕石坑密度（計算單位面積中的隕石坑數目）也提供了一些資訊，單位面積的隕石坑密度愈大，代表該處地質年代愈老。

經由這些研究發現，月球在形成後歷經過四個階段：(1) 形成原始殼層與月球高地；(2) 開鑿出巨大的撞擊盆地；(3) 填滿月海低地；(4) 形成具有輻條的隕石坑。

物質聚集成月球的最後階段，它的殼層很像完全熔融，幾乎可稱為岩漿海洋。大約到了 44 億年前，岩漿海洋逐漸冷卻，並進行岩漿分異作用（請見第 1 冊第 2 章）。密度較高的礦物，如橄欖石、輝石，都沉到底下去，而比較輕的矽礦物則浮到月球的原始殼層上來。月球高地就是由這種上升到表面，類似浮渣的火成岩所構成，最常見的是主成分為鈣長石的斜長石。

月殼形成後，持續在滿布碎片的太陽星雲中與其他物質擦撞，這時有些巨大的撞擊盆地便形成了。到了 38 億年前，月球就像太陽系的其他地方一樣，隕石撞擊的頻率忽然大幅下降。

月球下一階段的重大事件是：熔岩流出，填平這些至少早個 3 億年形成的碰撞盆地（圖 15.20）。根據月海的放射性定年估計，其形成年代在 30 億到 35 億年前，相對於月球的原始殼層尚屬年輕。

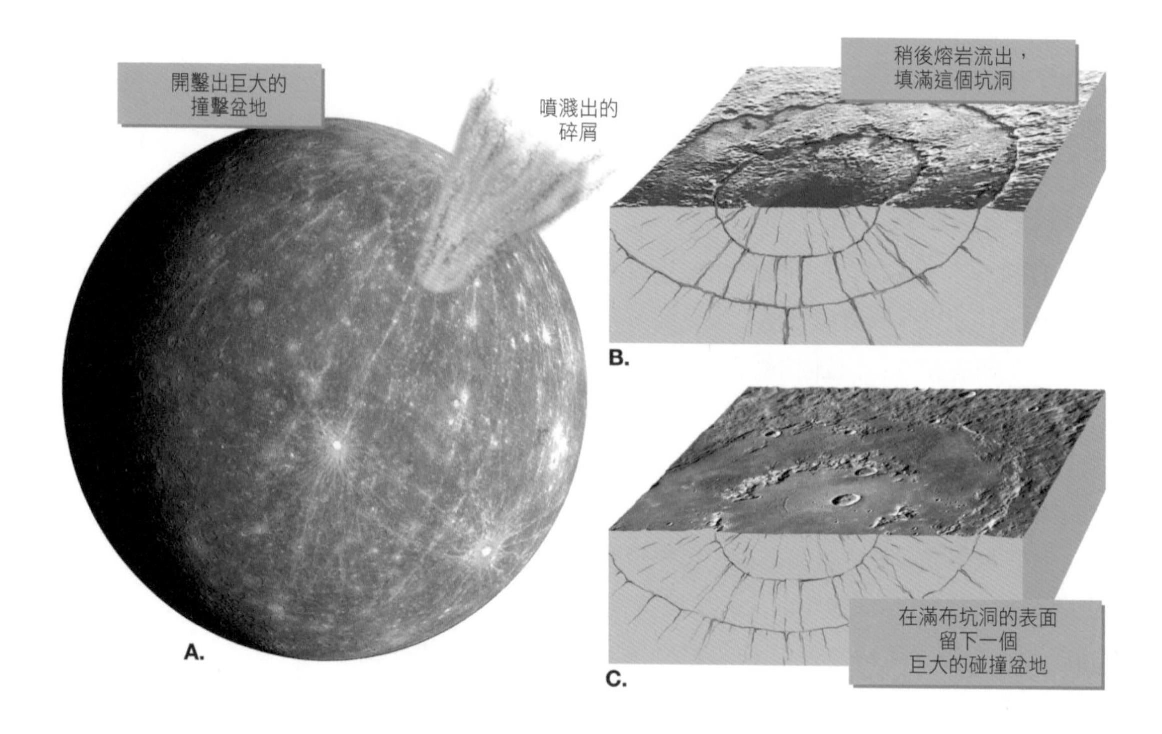

圖15.20 月海的形成：A. 小行星大小的天體撞擊下來，造成直徑數百公里的巨大隕石坑，同時也撞裂了月球的殼層。B. 玄武岩漿流出來填滿隕石坑，這可能是從部分熔融的月函中而來。C. 如此的低平盆地就是月海的結構，水星上也有一些類似的大型結構。

月海的玄武岩被認為來自 200 到 400 公里深處，這可能是內部放射性物質衰減時，產生熱造成溫度升高所產生。部分熔融可能在幾處各自獨立的地點發生過，從阿波羅任務帶回來的岩石有相當多樣的化學成分，就可以得知這點。最近的證據則顯示，有些月球上的這種熔岩噴發，可能最晚發生在 10 億年前。

其他與這個火山作用階段有關的月面特徵，還包括盾狀火山（直徑 8 至 12 公里）、噴發的火成碎屑質、以及局部火山熔岩所形成的細溝。

最後形成的特徵是具有輻條的隕石坑，例如圖 15.19 的哥白尼隕石坑，它的直徑有 93 公里。從這些年輕隕石坑濺出的物質，覆蓋了月海表面以及很多不具輻條的較老隕石坑。科學家估計，哥白尼隕石坑大約是 10 億年前形成的，如果這樣的撞擊發生在地表，則地球上的侵蝕力早早就把它湮滅了。

今日的月面：風化和侵蝕下的風貌

因為月亮的質量小、引力弱，所以會缺乏大氣和流動的水，也因此在地球上持續改變地表的風化與侵蝕作用，在月球上不會發生。再加上月球上的大地構造作用力已告停止，地震和火山噴發都沒了。

因為月球沒有大氣保護，所以它的侵蝕主要是由於太空的微小粒子（微隕石）的撞擊，微隕石不斷衝撞月表，也慢慢讓表面平緩，這使得月殼的上半部碎化且不斷混合。

月海與高地都包覆著一層灰，這是由數十億年來隕石撞擊後的碎屑而來（圖 15.21）。這層土壤般的物質稱為**月土**，是由火成岩、角礫岩、玻璃碎屑和極細的月球灰塵形成的。月土的厚度從 2 到 20 公尺不等，依月表的年齡而定。

圖15.21 太空人史密特（Ha- rrison Schmitt）在月球表面採取岩石樣本。請注意他在月球「土壤」留下的足印（右側放大圖）。（Courtesy of NASA）

行星和衛星

水星：最近太陽的行星

水星，這顆最接近太陽且最小的行星，快速繞行太陽（88 天），但自轉很慢。水星的一個晝夜長達 176 個地球日，與地球一天 24 小時相較，真的讓人感覺度日如年。水星的一夜就是地球 3 個月的時間，白天也同樣漫長，因此水星的溫度是行星中最極端的，夜晚時溫度會降到－ 173℃，中午的時候則會超過 427℃，熱到足以使錫和鉛熔化。這樣極端的溫度條件就讓我們所知的生命形式，無法在水星上生存。

水星吸收照射進來的大部分陽光，僅反射 6%回太空，這是類地行星缺乏或很少大氣的特徵之一。水星上的些微大氣含量有幾個來源：來自太陽風的氣體離子；最近彗星撞擊時蒸發的冰；從星球內部散逸出的氣體。

雖然水星很小，而且科學家認為行星內部應該冷卻了，但是傳訊者號（Messenger）太空船探測到磁場，顯示水星應該有個比較大的核，目前仍保持炙熱且有足夠的流動性，才能產生磁場。

水星就像地球的月亮一樣，反射率很低，無法留住大氣，有很多火山的特徵，也有滿布坑洞的表面（圖 15.22）。水星上最年輕且最大的撞擊坑是

圖15.22　水星。外表看起來很像我們的月亮。（Courtesy of NASA）

卡路里盆地（Caloris Basin）。水手 10 號（Mariner 10）太空船得到的影像與其他資料顯示，在卡路里盆地和一些其他較小的盆地裡以及周圍，都有火山作用的跡象。根據水手 10 號拍攝的影像，水星的平原占 40%，多數這些平緩的地區都與大型碰撞盆地（包括卡路里盆地）有關，熔岩把盆地及周遭的低地部分填滿，因此這些平原看起來有點類似月海。傳訊者號從 2011 年開始繞行水星，繼續蒐集更多資料，讓我們能對這些隕石坑與火山作用的關係有更深入的瞭解。

金星：蒙上面紗的行星

金星是夜空中亮度僅次於月亮的天體，它的英文名稱為「維納斯」，是取自代表愛與美的羅馬天神。它繞行太陽的軌道近乎圓形，公轉一周需要 225 個地球日。但奇怪的是，金星自轉方向和其他行星相反（逆行），速度也很慢，一個金星日相當於 244 個地球日。金星的大氣是類地行星當中最濃密的，絕大多數是二氧化碳（97%），是極端溫室效應的原型。因此金星表面的平均溫度高達 450℃，且表面的溫差很小，這是因為濃厚的大氣內部有充分對流所致。調查出金星這樣極端且均勻的表面溫度，科學家對地球溫室效應的後果，自然會更瞭解。

金星內部的成分可能類似地球，但它的磁場很弱，代表其內部動態與地球不大相同。金星函部的對流推測應該還是存在，但是可以讓堅硬的岩石圈循環的板塊構造活動，似乎沒對金星現在的地形造成影響。

金星表面完全由一層厚厚的雲遮住，這雲主要是由小小的硫酸微滴所構成。在 1970 年代，四艘蘇聯的太空船不顧極端的溫度與壓力，成功登陸金星，傳回一些金星表面的影像（但隨後即如預期，登陸後不到一小時，在巨大的氣壓下，所有的探測器就都毀了）。麥哲倫號無人太空船以雷達造影技術，繪製出了金星表面詳細的地形圖（圖 15.23）。

金星上已辨識出大約 1,000 個撞擊坑，這數字比起水星和火星少很多，但比地球還多。研究人員原本期望在金星上找到大撞擊年代廣大的撞擊證據，卻發現金星曾經出現過大規模的火山作用，所以表面由岩漿重新鋪過。現在研究人員認為，金星的大氣會讓大隕石在撞擊前先碎裂成許多小塊，另外小碎片也在大氣中燒成灰燼，因此大撞擊並不如預期的多。

圖15.23　麥哲倫號太空船經過數年的探測，傳回的資料累積後，經過電腦造影產生的金星全球圖。上面可見有些扭曲的亮線在行星上到處蜿蜒，那是阿佛洛狄忒高地（Aphrodite highland）東側險峻的高山與峽谷。（Courtesy of NASA）

金星上大約 80％的表面，是覆蓋了火山熔岩的低緩平原，有些熔岩會與熔岩渠道一起綿延好幾百公里。金星的巴爾提斯峽谷（Baltis Vallis）是太陽系目前已知最長的熔岩渠道，蜿蜒了長達 6,800 公里。金星上已找到的大型火山超過 100 座，但是表面的高溫和高壓讓火山不容易爆發，此外金星上的極端條件，也讓金星的火山比地球和火星上的，來得矮小與寬廣（圖 15.24）。馬雅特山（Maat Mons）是金星上最大的火山，大約有 8.5 公里高、400 公里寬，相較之下地球上最大的火山茂納羅亞火山（Mauna Loa）則有 9 公里高、僅 120 公里寬。

金星的高地多是高原、脊嶺以及平地突起構成的地形。這些突起被認為是炙熱的函部湧升流，遇到殼層底部所造成的。跟地球的地函柱很像。金星上的火山作用很多會伴隨著這種函部湧升流。最近歐洲航太總署的太

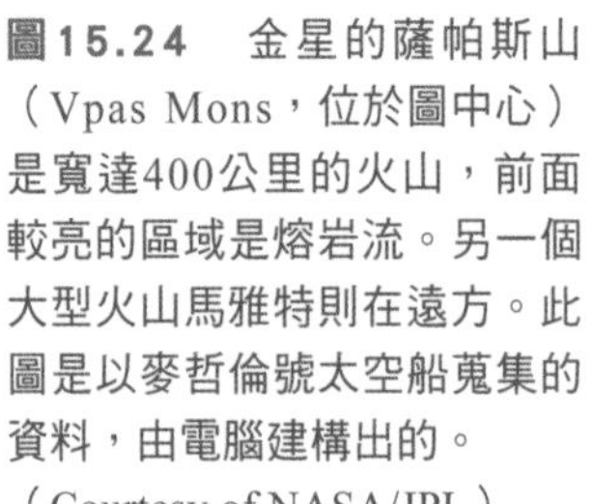

圖15.24　金星的薩帕斯山（Vpas Mons，位於圖中心）是寬達400公里的火山，前面較亮的區域是熔岩流。另一個大型火山馬雅特則在遠方。此圖是以麥哲倫號太空船蒐集的資料，由電腦建構出的。（Courtesy of NASA/JPL）

空船金星特快車（Venus Express）蒐集的資料顯示，金星的高地是富含矽的花崗岩。因此，這些高起的大塊陸地跟地球的大陸板塊一樣，但規模要略小一點。

火星：紅色的行星

火星的直徑大約為地球的一半，繞太陽公轉一圈約需要 687 個地球日，平均表面溫度在冬天約為－ 140℃，夏天則會有 20℃，因為火星上的大氣稀薄（大約僅為地球上的 1%），所以日夜溫差大。這麼稀薄的火星大氣中，95%為二氧化碳，另有少量的氮氣、氧氣和水蒸氣。

火星的地形

火星就像月亮一樣，表面滿布撞擊坑。較小的坑內已遭風吹來的沙塵填滿，這顯示火星是乾燥的沙漠世界。火星外表的紅色，來自氧化鐵（鐵鏽）。較大的撞擊坑提供了一些有關火星表面的資訊。如同月球坑洞周圍的噴出物，科學家原本預期那是從乾燥灰塵和岩屑的表面噴出的，但不盡然如此，火星上某些隕石坑周圍的濺出物，反倒像是從爛泥漿當中噴出來的。因此行星地質學家相信，在表面下有一*永凍層*，撞擊的熱使這層冰溶化，造成這些噴出物的外觀有流體的特徵。

有三分之二的火星表面是高地，多集中在南半球（見圖 15.25），隕石撞擊頻繁的年代是在行星形成的早期，約在 38 億年前結束，所以火星的高地年代也與月球上的相似。

因為火星北半球的平原（約占表面三分之一），單位面積內隕石坑的數量較低，所以一般認為此處比南方的高地還要年輕（圖 15.25）。這相對平緩的地形顯示，這裡曾有大量的玄武岩質熔岩流由內往外湧出，這些平原上

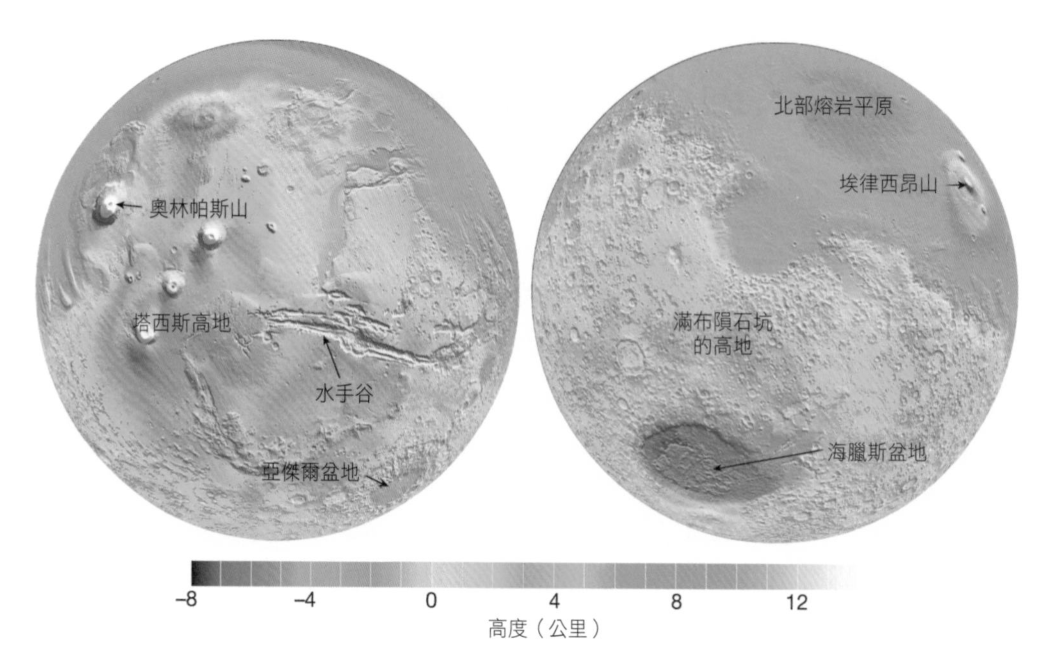

圖15.25 電腦繪製的火星全球地形圖，主要特徵都有標示。顏色代表相對於平均半徑的拔地高度（對應尺標在底下）。白色代表12公里高，深藍色代表8公里深。（Courtesy of NASA/JPL）

可以看到火山錐，有些還有火山口和熔岩流的皺脊。

沿著火星的赤道上有一廣大抬升的區域，大小大約如北美洲，稱做塔西斯高地（Tharsis bulge，見圖 15.25），這高地高約 10 公里，顯然有被抬升，上面滿布大量的火山岩石，火星上最大的五個火山就在這裡。

造成塔西斯高地的大地構造作用力，也造成由其中心輻射而出的斷層，看起來像腳踏車的輪子一樣。在高地的東側是一列大型的峽谷，稱做水手谷（Valles Marineris），規模很大，從圖 15.25 上就可以直接看到。這個峽谷是因為斷層所造成，並非如美國亞利桑納大峽谷那樣，是由河流侵蝕而成，所以它會有很多地塹型的峽谷，就像地球上的東非裂谷那樣。水手谷形成後，水侵蝕就使這裂谷的壁緣不斷崩落，因此峽谷逐漸擴增，目前主要的峽谷長度超過 5,000 公里，深達 7 公里，寬則有 100 公里（圖 15.25）。

火星上其他特徵包括了大型的碰撞盆地，海臘斯（Hellas）盆地是火星上最大、最容易認出的碰撞特徵，它的直徑有 2,300 公里，深達火星表面上最低的高度（見圖 15.25），所濺出的碎片讓鄰近的高地又更高了。其他遭灰塵掩埋的隕石坑盆地，有可能有比海臘斯還要大的。

在火星大多數的歷史上，火山作用可能曾經普遍存在，某些火山周圍隕石坑的數量很少，這意味著這些火山仍有可能活動。火星有一些火山的規模在太陽系名列前茅，其中首推奧林帕斯山（Olympus Mons），占地跟美國亞利桑納州差不多，高度則幾乎為聖母峰的 3 倍，這個巨大火山上次的噴發是在 1 億年前，這也很像地球上夏威夷的火山（圖 15.26）。

圖15.26　火星上盾狀的奧林帕斯火山，約跟美國亞利桑納州一樣大。（Courtesy of the U. S. Geological Survey）

為什麼火星的結構和地球差不多，但火山會長得那麼高？這些板塊上巨大的火山是由內部的熱熔岩向上形成的函柱所構成的。在地球上，因為板塊持續移動，所以地函柱所對應的熱點一直在變，因此會在板塊上產生一連串的火山結構，就像夏威夷群島那樣。相反的，火星沒有板塊構造，所以一直維持在同一點上噴發，結果就會堆積出如奧林帕斯山那麼巨大的火山，而不是一連串的小火山。

目前在火星上主要影響地表的作用是風的侵蝕。大規模的沙塵暴，風速可達每小時 270 公里，連續颳數星期，太空船也拍到好幾個塵捲風。大多數的火山表面就像地球的岩漠一樣，有很多沙丘，低處容易遭灰塵掩蓋。

沒錯，火星上有水造成的冰

液態水在目前的火星表面已不復可見，但在距離極地 30 度緯度之處，可以在地表 1 公尺內發現冰的存在。還有在極區的永凍極冠中，水冰與乾冰混雜在一起。此外，也有相當的證據顯示，在火星最初的 10 億年當中，曾經有液態的水在表面流動，造成許多溪流、河谷等地形。

圖 15.27 是火星勘查軌道號（Mars Reconnaissance Orbiter）拍回來的影像，從其中可看到火星上曾有流水切割出河谷地形。研究人員認為，表層底下的冰，熔化後會有像泉水一樣的水從河谷壁滲出，慢慢形成溝渠，這個過程在今天可能仍在進行。

其他的溝渠有像溪谷一樣的河岸，內含許多淚珠狀的小島（圖 15.28），這些峽谷受超大量的洪水切割，水量估計是密西西比河水的 1,000 倍以上。大多數這些大洪水沖出的渠道，在地形上是雜亂無章的出現，看起來就像是表面塌陷所造成的。造成氾濫的這些水，最有可能來自於地表下的冰熔化，如果水受困在永凍層下，隨水量增加，壓力會逐漸累積，最後終於釋出，水溢出後，上層表面會塌陷，形成雜亂的地形。

圖15.27　由火星勘查軌道號拍的照片中可看到，從坑洞邊緣（上方偏左）的岩石峭壁輻散出去的溝渠，蜿蜒且形成辮形，是典型的水蝕溝渠地貌。（Courtesy of NASA/JPL）

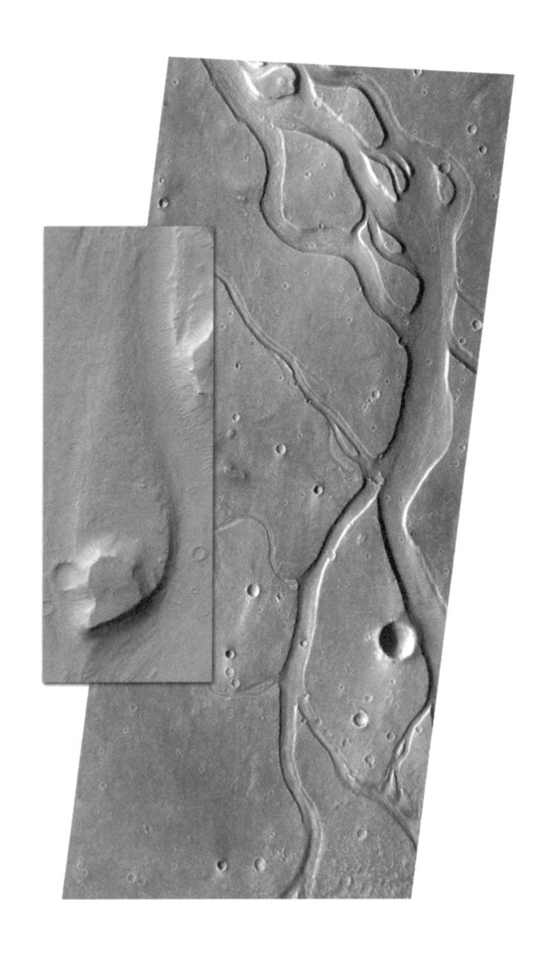

圖15.28　火星上溪流般的渠道是表面曾有水的明顯證據。左側放大圖是一個流線型的小島，這會對渠道中的流水形成阻力。（Courtesy of NASA/JPL）

並非所有的火星峽谷都是因為水洩出所造成，有些如樹枝分岔的型態很像地球上的樹枝狀排水系統。另外火星機會號（Opportunity）探測車檢視了一些類似地球上由水造成的結構，包括：層狀的沉積岩、乾鹽湖（平坦的鹽層）以及湖床。有些礦物只可能來自有水存在的環境，例如水和硫酸也是探尋的目標。目前已經發現了稱做「藍莓」的赤鐵礦小球，它可能是從水中沈澱出來而形成的沉積物。然而除了極區，火星上能對地形產生明顯影響的水，存在應該不會超過 10 億年。

木星：天神之王

木星是行星中的巨人，質量比太陽系所有其他行星、衛星和小行星質量總和的 2.5 倍還多。如果木星的質量再大個 10 倍，它將可以成為恆星，然而這與太陽相較仍顯遜色，只達太陽質量的 1/800。

木星繞行太陽公轉需要 12 個地球年，但自轉是行星當中最快速的，不到 10 小時就轉一圈。從望遠鏡去觀察時，快速自轉的效應也很顯著，它在赤道方向比較凸起，兩極方向略為收縮（請看表 15.2 當中有關「扁平率」的資料）。

木星的外表多半要歸因於三種主要雲層反射光的顏色（圖 15.29）。最溫暖、最底下的一層是由水冰阻成，呈現藍灰色，通常在可見光的影像中看不到。高一點的那層溫度略為下降，呈現橘棕色，那是氫硫化銨的粒子形成的雲。這些顏色被認為是木星大氣中化學反應的副產品。木星大氣頂層附近，有氨冰形成的纖細白雲在飄浮。

因為木星的引力很大，所以每年還會收縮幾公分，這種收縮產生的熱是大氣循環的主要動力。因此不像地球上的風是由太陽能驅動，木星自身內部產生的熱，是造成木星大氣中，大型循環氣流的主因。

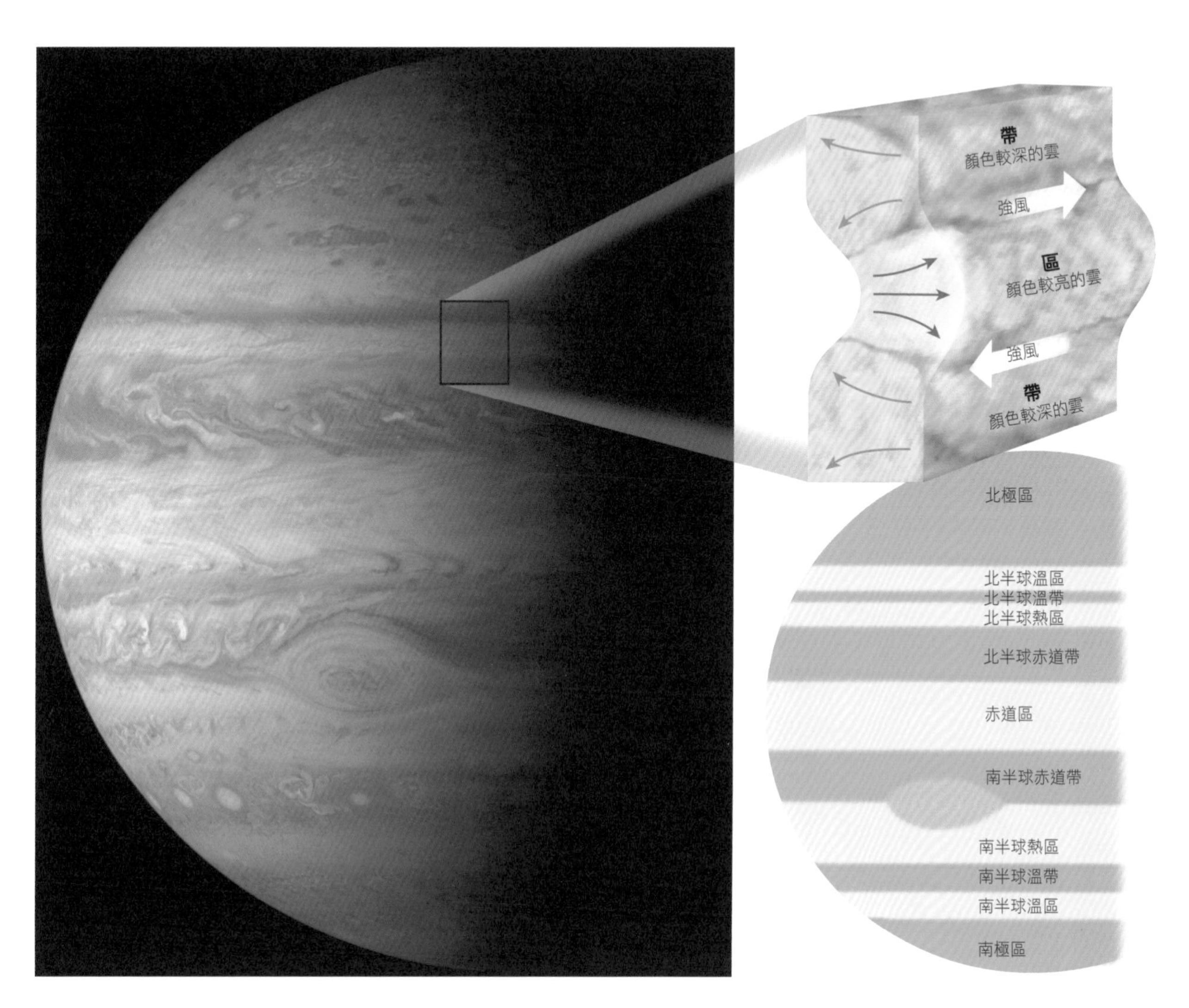

圖15.29 木星大氣的橫紋結構。較亮之處稱為「區」，這是氣體上升受冷的區域。氣流下沉之處顏色略暗，稱為「帶」。這樣的對流循環再加上木星的快速自轉，造成了區與帶之間的強風。

木星的對流造成如圖 15.29 那樣明暗相間的區帶條紋。顏色較亮的雲是「區」(zone)，那是比較溫暖且上升受冷的區域；而較暗的雲是「帶」(belt)，那是較冷、下沉且受暖的區域。這一個對流循環再加上木星的快速自轉，造成在帶和區之間產生了東西向的強風。

木星上最大的風暴就是大紅斑（Great Red Spot），這是一個有地球兩倍大的反氣旋，已知存在最少有 300 年。除了大紅斑之外，另有一些橢圓形的白色或棕色風暴（見圖 15.29），白色是較冷風暴的頂端雲，大小通常為地球上風暴的好幾倍；棕色風暴則是在大氣較低層。太空探測船卡西尼號（Cassini）已經拍到各式各樣白色橢圓風暴裡的閃電，閃電頻率比地球上的低。

木星的月亮

木星的衛星系統，目前為止已經發現 63 個月亮，規模簡直就像迷你的太陽系。伽利略在 1610 年觀察到的 4 個較大月亮，一般稱為伽利略衛星（圖 15.30）。最大的兩個為甘尼米德（Ganymede）與卡利斯多（Callisto），它們的大小就如同水星，另外兩個——歐羅巴（Europa）與埃歐（Io）的大小如同地球的月亮。其中最大的 8 個月亮，顯然是在太陽系冷卻時，在木星附近形成的。

木星有很多直徑大約 20 公里的超小衛星，這些小衛星以和其他較大衛星相反的方向（逆行）繞行木星，且相對於木星赤道有較大的軌道傾角。這些衛星可能是從旁經過的小行星或彗星，因為距離太近而給木星引力抓住，或是較大天體相碰撞後散落的殘骸。

伽利略衛星可以藉由雙筒望遠鏡或小型望遠鏡觀測，單單這樣觀察就很有趣。但後來航海家（Voyager）1 號與 2 號傳回來的影像，才讓很多地質科學家感到驚訝，原來每顆伽利略衛星都是一個獨特的世界（見圖 15.30）。

圖15.30 木星四個較大的月亮因為最早由伽利略發現，因此稱為伽利略衛星。從左到右介紹如下：
A. 埃歐是最靠近木星的月亮，是太陽系目前為止還能看到火山活動的三處之一。
B. 歐羅巴是這四者中最小的，外層包覆一層冰，冰上刻劃著很多直線交叉的圖案。
C. 甘尼米德是太陽系星最大的衛星，有坑洞區、平緩區、還有許多平行溝槽區。
D. 卡利斯多是這四者當中軌道最大的衛星，有很密集的坑洞，很像地球的月亮。
（Courtesy of NASA/NGS Image Collection）

伽利略號太空船也無意間發現，每顆衛星的組成都驚人的不同，顯然都有不同的演化際遇。例如甘尼米德有動態核心，因而有強烈的磁場，這在其他衛星是看不到的。

伽利略衛星當中最靠近木星的是埃歐，它大概是太陽系中火山活動最猛烈的地方。埃歐上面有超過 80 座活火山，會噴發出硫磺熔岩。這些像傘狀的噴發柱在埃歐表面的高度可達 200 公里（見圖 15.31A）。火山的熱源是來自木星與其他伽利略衛星的潮汐力作用的結果，周圍這些的引力大亨不斷推拉，讓埃歐的軌道離心率有點大，會週期性的靠近木星，然後遠離。在這過程中，木星的潮汐力會使埃歐的內部不斷換方向曲屈收縮，因而產

A.

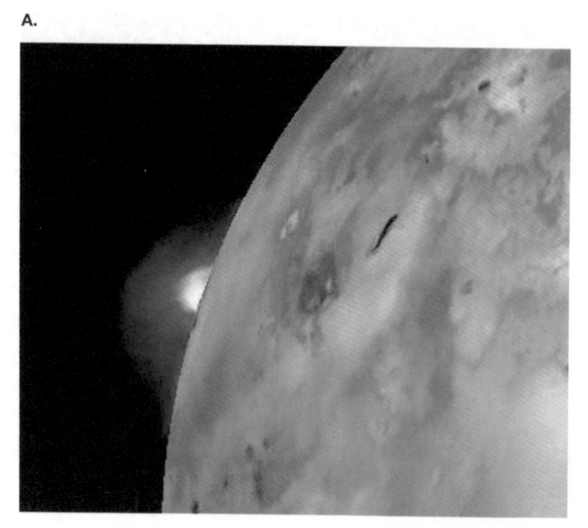

B.

圖15.31 埃歐（木星的一個月亮）上的火山噴發。
A. 這個火山氣體與岩屑的噴發柱，從埃歐表面升高到超過100公里。
B. 圖片左上方亮紅色的區域是新噴發出的熱岩漿。（Courtesy of NASA）

生熱（就像不斷來回扭曲金屬時也會產生熱一樣），結果造成埃歐會有硫磺火山噴發。此外含矽礦物形成的熔岩，也週期性的從埃歐表面噴發（圖15.31B）。

木星的環

航海家 1 號太空船的驚人發現之一是：原來木星也有環。最近這些環又由伽利略號太空船好好探究一番。藉由分析這些環散射陽光的方式，研究人員確認這些環都是由很細的黑色粒子構成，大小跟煙粒差不多。此外這些環模糊的特性也暗示了，這些粒子分散得很廣。主環的粒子一般相信是由木星的兩個小衛星，木衛 16（Metis）與木衛 15（Adrastea）表面噴出的碎屑所組成。較外側的薄紗光環（Gossamer ring）則認為是由來自木衛 5（Amalthea）與木衛 14（Thebe）撞擊後的碎屑所組成。

土星：優雅的行星

土星公轉需要 29 個地球年，它到太陽的距離幾乎是木星的兩倍，但是它和木星在大氣、成分、內在結構上都非常相似。土星最引人注意的是它的環，這早在 1610 年伽利略用望遠鏡觀察的時候就發現了（圖 15.32）。因為他的望遠鏡倍率不夠，因此環看起來只像緊貼土星的兩個小星體，一直要到五十年後，荷蘭的天文學家惠更斯（Christian Huygens, 1629-1695）才確認那是環。

土星的大氣就像木星的一樣，變動非常大（圖 15.32）。雖然雲的條紋在赤道附近很弱又寬，但像木星大紅斑那樣的旋轉風暴，土星上也有，同樣也有的是大量的閃電。雖然大氣中有 75％是氫，25％是氦，但這些雲是由氨、氫硫化銨與水所組成，依溫度而分層。就像木星的情況，大氣的動力是由土星本身的重力收縮，產生熱所造成的。

土星的月亮

土星的衛星系統已知有 61 個月亮，其中有 53 個有名字。這些月亮在大小、形狀、表面年齡、以及起源等方面都有很大的差異。全部月亮中有 23 個是原生的衛星，也就是跟土星一起形成。最少有兩個月亮〔土衛 4（Dione）與土衛 3（Tethys）〕有大地構造作用力的證據，可觀察到內在作用力把表面的冰撕裂。其他如土衛 7（Hyperion）表面有很多撞擊坑洞，土衛 5（Rhea）有自己的環。土星的很多超小月亮，形狀並不規則，而且直徑只有

圖15.32 由地球軌道上的哈伯太空望遠鏡所拍攝的照片。圖中可看出動態的土星環，有兩個亮環，較外側的稱為A環，較內側的稱為B環，二者中間的為卡西尼環縫（Cassini division）。另外也有一個比較小的縫——恩克環縫（Encke gap）位於A環的較靠外側的部分。
（Courtesy of NASA/JPL）

數十公里而已。

土星的最大衛星是泰坦（Titan，又稱為土衛 6）是太陽系第二大的衛星，甚至比水星還大。泰坦和海衛 1（Triton）是太陽系中少數有自己大氣的衛星。2005 年，*惠更斯號*探測艇造訪了泰坦，拍攝了照片傳回來，其表面大氣壓力為地球表面的 1.5 倍，大氣成分有 98%是氮氣，2%是甲烷及些微的有機成分。泰坦擁有如地球般的地質景觀和地質過程，例如有沙丘以及甲烷「雨」所形成溪流般的侵蝕，此外在北半球有液態甲烷湖的蹤跡。

土衛 2（Enceladus）則是另一顆獨特的衛星，也是少數幾顆曾經觀察到有活躍的噴發活動的衛星（圖 15.33）。土衛 2 噴發的氣體，多數為水，被認為是補充土星 E 環的主要物質來源，這個如間歇泉般的活動，發生在稱為「虎斑」的區域，上面有 4 個大型斷層，斷層的每一邊均有山脊。

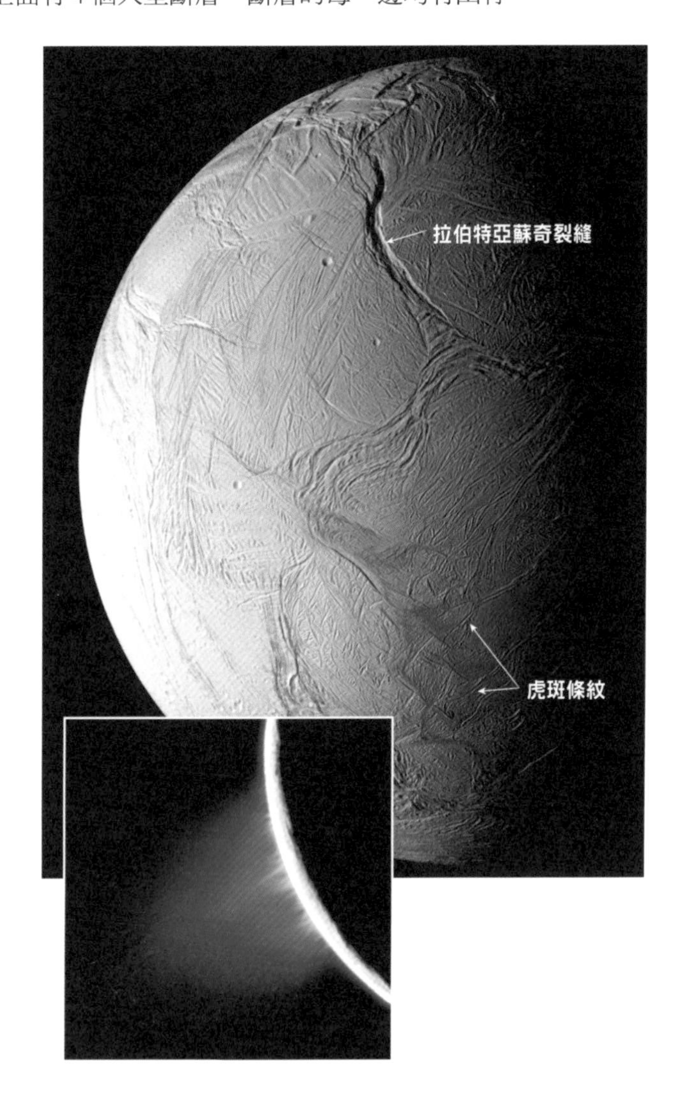

圖15.33 美國航太總署的卡西尼號軌道探測船（Cassini Orbiter）捕捉到土星衛星地質活動的精細特徵，冰封的衛星土衛2的北半球，包含了1公里深的拉伯特亞蘇奇（Labtayt Sulci）裂縫，右下角則可看到虎斑條紋。下圖則可看到從虎斑條紋區域噴發而出的冰粒子、水蒸氣以及有機化合物。（Courtesy of NASA/JPL）

土星環系統

1980 年代早期，以核能為動力的太空船航海家 1 號與 2 號在距土星不到 16 萬公里的距離探索過此行星。蒐集到的許多資料，比 1600 年代早期伽利略觀察這顆「優雅的行星」以來的還要多。最近，從地面大型望遠鏡、哈伯太空望遠鏡，以及卡西尼－惠更斯號太空船，陸續蒐集到更多資料，有助於我們對土星環系統的認識。在 1995 和 1996 年，地球和土星的相對位置剛好讓我們得以觀察到土星環面，因此當時土星最暗的環以及平時看不清楚的衛星都現形了（2009 年此環面又再度得以觀測）。

土星環系統很像是上面有很多不同密度與亮度的大型旋轉盤面，並非是很多獨立的小環集合而成的。每個盤面是由許多單獨的粒子，主要是水冰，另外也有少部分是岩石碎屑，一起圍繞行星，並週期性的彼此碰撞。在盤面上會有些縫，這些縫隙看起來似乎空無一物，但實際上卻有很細的灰塵粒子或受冰包覆、反射率很低的粒子。

多數的土星環會因為密度分成兩類，土星的主環（較亮）稱為 A 環與 B 環，是比較密的，所含物質的尺寸為數公分（小石子大小）到數十公尺（房子大小），大多數的粒子為大雪球尺寸。在這種比較密集的環當中，顆粒繞著土星轉的時候，常常會相撞。雖然土星的主環（A 環與 B 環）寬達 4 萬公里，但是非常薄，只有 10 到 30 公尺厚。

另一個極端是較暗的環（C 環、D 環、F 環、G 環與 E 環）。其中最外圍的環（F 環、G 環與 E 環）在圖 15.32 看不到，那是由一些分散較廣、煙塵大小的粒子組成。一般認為這些微弱的環比土星的亮環來得厚，有 100 到 1,000 公尺，但目前還沒有蒐集到確實的證據。

研究發現，環附近的衛星會以重力牽引土星環當中的粒子，修改粒子的軌道（如圖 15.34），例如纖細的 F 環，內外各有衛星可以把環當中想逃離的粒子拉回。反之，圖 15.32 明顯可見的卡西尼環縫，則是因為土星的月亮

A.

B.

圖15.34 兩張土星環與衛星的照片。

A. 土衛18（Pan）是直徑約30公里的小衛星，它的軌道位於A環的恩克環縫裡，這是維持恩克環縫存在的重要條件。

B. 土衛16（Prometheus）是馬鈴薯形狀的衛星，就像是環的牧羊犬，其重力可協助維持土星F環當中的物質不會散開。

（Courtesy of NASA/JPL）

土衛 1（Mimas）的重力拉引而造成的。

據信，有些環的粒子是藏身於環的衛星噴射出的碎屑，也有可能還與環中的衛星，不斷循環的交換物質。藏身環中的衛星逐漸把環上的粒子清乾淨，但也不時被環上的大形塊狀物質撞擊，而噴射出粒子，或者也可能與其他衛星強力相撞。看起來行星環並非如我們曾經想像的，是永恆的特徵，而是持續再循環的過程。

天王星與海王星：雙胞胎

雖然地球和金星有很多相似處，但天王星與海王星才真正配得上「雙胞胎」這個詞。它們的直徑幾乎相等（大約都是地球的 4 倍），外觀都是藍色的，這是因為二者的大氣均含有甲烷。它們自轉週期也差不多，核心都是由矽酸鹽類岩石與鐵構成，這點與其他的氣體巨行星差不多。其函部主要由水、氨與甲烷構成，這就與木星與土星（圖 15.15）不大一樣。天王星與海王星比較值得注意的區別在於，它們公轉的時間分別是 84 個地球年與 165 個地球年。

天王星：側躺的行星

天王星的獨特處在於它的自轉軸幾乎平躺於黃道面上，因此它的自轉比較像滾球而非陀螺（圖 15.35）。天王星這非比尋常的特性，很有可能是遭遇到一次巨大的撞擊，讓它在公轉軌道上側躺下來。

天王星曾被認為是沒有天氣現象的地方，目前觀察到有一個面積大如美國的巨大風暴系統，最近哈伯太空望遠鏡也看到上面有含氨或甲烷的條紋雲層，這有點像木星、土星的雲系。

天王星的環

1977 年很驚訝的發現，天王星也有環系統（圖 15.35）。這是在天王星經過一顆遙遠恆星，擋住它亮光的剎那〔稱為*掩星*（occultation）的過程〕，觀測人員發現，背景恆星的亮度在完全遭遮住之前閃了 5 次（這意味著有 5 個環），恆星復亮後又有 5 次的閃爍。很多近期的地面觀測與太空觀測則看到，天王星在赤道附近最少有 10 個有明顯邊界可辨識的環圍繞。點綴在這些結構之間的則是一大片灰塵。

海王星：颳大風的行星

因為海王星離地球最遠，天文學家在以前瞭解的很少。到了 1989 年，經過 12 年將近 48 億公里的旅行，航海家 2 號提供了很好的機會，近身觀察這顆太陽系最外圍的行星。

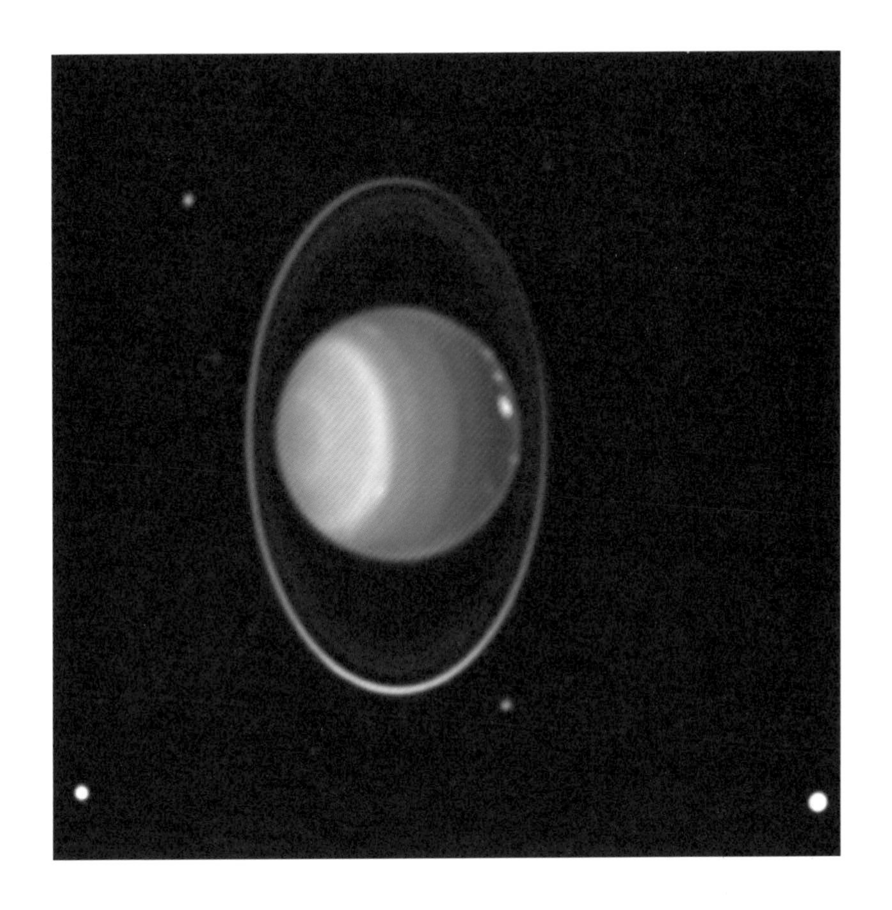

圖15.35　天王星和其主要的環，以及幾顆衛星。此外圖上也可以看到雲的圖案，以及幾個橢圓的風暴系統。這是由哈伯太空望遠鏡的近紅外線攝影機獲得的資料，上過假色後的影像。（Image by Hubble Space Telescope courtesy of NASA）

海王星有動態的大氣，就如同其他的類木行星一樣（圖 15.36），海王星風速最快的紀錄達到時速 2,400 公里，這讓海王星成為太陽系當中風速最強的地方。提到海王星的大暗斑，就會想到木星也有類似的旋轉風暴結構：大紅斑。然而海王星的風暴出現的時間比較短，大約只有幾年而已。海王星的另一個特徵，是在主要雲層上方大約 50 公里處，有如同其他類木行星的白色卷雲（有可能是冰凍的甲烷）。

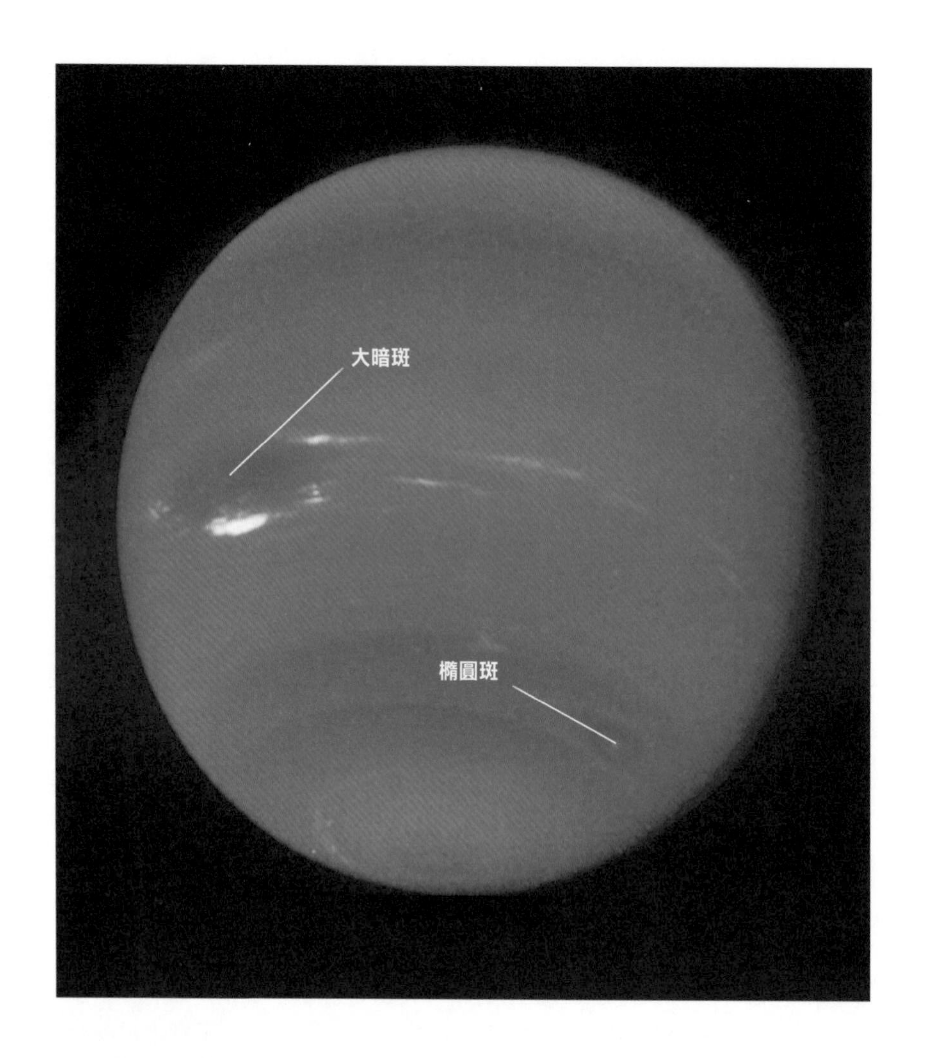

圖15.36 這張海王星的影像可以看到大暗斑（在中央偏左側的地方）。同樣可看到的是像卷雲一樣的結構，高速在此行星上移動。另外在南半球略為偏東的位置，有個橢圓斑。（Courtesy of the Jet Propulsion Laboratory）

海王星的衛星

海王星已知有 13 顆衛星。最大的稱為海衛 1（Triton），其餘的 12 顆都很小，是不規則的小天體。海衛 1 是太陽系大型衛星中唯一逆行的，這意味它很有可能是獨立於外形成，稍後才由海王星的重力捕獲。

海衛 1 和一些冰封的衛星會噴發「流體」的冰，這是令人驚訝的火山活動展現。**冰火山作用**這個詞是描述火山噴發時，以半融的冰雪漿替代矽酸鹽岩漿。海衛 1 的冰雪漿混合了水冰、甲烷，可能也有氨。當這混合物部分熔解時，作用會像地球上的岩石熔融般。事實上，這些冰雪漿接近表面時，會外流溢出地表，偶爾還會噴發。噴發柱產生的冰塵，就如同火山灰一樣。1982 年航海家 2 號探測到海衛 1 有正在活動的噴發柱，從其表面起算達到 8 公里高，順風吹達到 100 公里遠。在其他環境中，冰雪漿可以流到更遠的地方，有點類似夏威夷的熔融玄武岩漿。

海王星的環

海王星有五個叫得出名字的環，其中兩個較寬，其他三個較窄，大概沒有超過 100 公里寬。最外側的環，似乎有部分原因是受限於海衛 6（Galatea）。海王星的環與木星的環，最像的地方在於都很暗。這意味它們的組成多數是毫米等級的灰塵粒子。此外海王星的環也帶點紅色，這是因為其中含有有機化合物的關係。

太陽系中的小天體

八大行星之間的廣大空間以及太陽系裡，有無數的碎片分布其中。在 2006 年國際天文學聯合會（International Astronomical Union, IAU）把太陽系天體中不屬於行星與衛星的，分成兩類：（1）**矮行星**與（2）**太陽系小天體**，這包括了小行星、彗星以及流星體。矮行星是最新的一類，包含穀神星（這是小行星帶中最大的天體），及冥王星（之前位於行星之列）。

小行星和流星體是由石質和（或）金屬物質組成的，成分很像類地行星，這二者的區分是根據大小。如果直徑超過 100 公尺則是小行星，如果小於 100 公尺則是流星體。彗星則是比較鬆散的結構，其中包括了冰、灰塵、和小石頭等這些在太陽系外頭的物質。

小行星：殘餘的微行星

小行星是打從太陽系形成之時就出現，而留存到現在的小天體（又稱微行星），估計約有 46 億歲了。大多數的小行星在火星和木星之間，稱為**小行星帶**的地方運行（圖 15.37）。小行星中只有 5 顆的直徑大於 400 公里，大於 1 公里的小行星估計在太陽系內有一、兩百萬顆，至於更小的據估計也有數百萬顆。有的小行星軌道非常狹長，因此會很靠近太陽；有機會週期性經過地球和月球附近的，稱為*越地小行星*（Earth-crossing asteroids）。月球與地球上很多的大型碰撞坑，可能都是小行星撞擊的結果。目前知道的越地小行星約有 2,000 個，其中三分之一的直徑超過 1 公里，地球和小行星

你知道嗎？

在過去幾十年中愈來愈多的證據顯示，彗星和小行星撞擊地球的頻率比我們之前瞭解的還高。1989 年，一顆將近 1 公里的小行星從地球旁邊呼嘯而過，只差 6 個小時就會在地球公轉軌道上相撞，這些致命的小天體就在我們四周的觀念，才受到重視。那顆小行星的時速高達 7 萬 1 千公里，有可能在地球上形成一個直徑 8 公里、深大約 2 公里的坑洞。地球雖然躲過這回，但如同一位觀察者注記的：「早晚它都會回來的。」統計顯示，大規模的撞擊每隔幾億年會發生一次，可能對地球生物造成嚴重的影響。

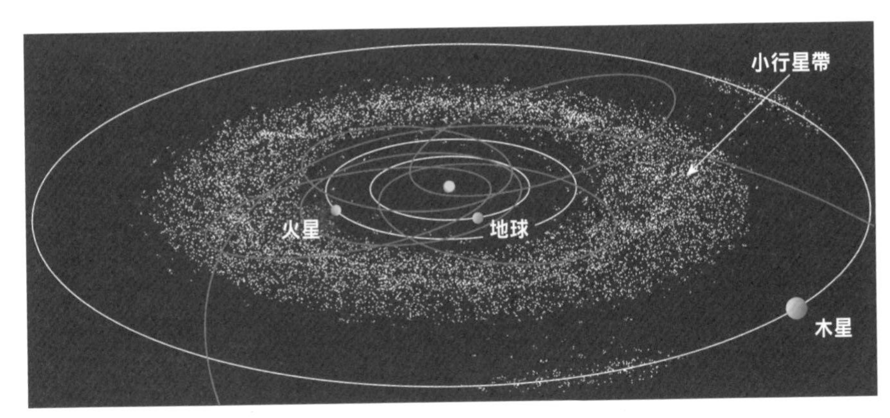

圖15.37 多數的小行星軌道介於火星和木星之間，圖上也顯現出一些已知的近地小行星的軌道。幸運的是，其中只有幾十顆的直徑大於1公里。

的碰撞，無可避免的將會再度發生。

因為多數的小行星有不規則的形狀，行星地質學家最早猜測它們可能是一顆曾在火星與木星之間的行星，破碎而成（圖 15.38）。然而把所有小行星的質量加起來，只達地球這樣中等行星的千分之一，這就有點小了。此外，小行星的密度比科學家原本預期的小，這顯示它們是多孔的天體，可能像一堆泡泡那樣，鬆散的結合在一起。

2001 年 2 月，美國太空船會合號（NEAR）的修梅克（Shoemaker）探測艇造訪了編號第 433 號小行星 —— 愛神星（Eros），雖然原本沒有預期降落，但還是成功的上去蒐集到許多資訊，這些資訊讓行星地質學家既好奇又困惑。影像顯示，愛神星有貧脊且毫無特徵的岩石表面，上面的粒子從細塵埃到 10 公尺大的礫石都有（圖 15.38）。研究人員意外發現，細殘骸會傾向於在低處集中，形成類似池塘般較平坦的堆積。在低處的周圍則會看到比較多的較大礫石。

圖15.38 會合號的修梅克探測艇拍攝到的愛神星影像。右上圖形是愛神星貧脊無特徵的岩石表面近照。
(Courtesy of NASA)

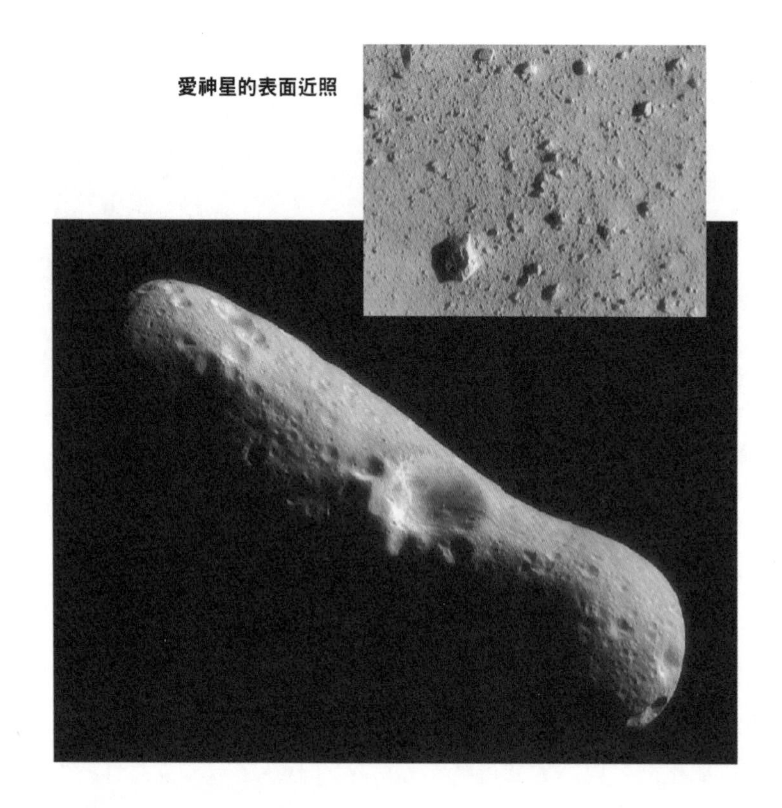

有幾種假說在解釋這種礫石分布地形的特徵，其中一個認為這是地震造成的。地震時，大礫石會往上移動，細砂則會下沉，就像你搖一瓶包含沙和各種大小的石頭時，較大的石頭會跑到上層而較小的沙粒會沉到底層一樣。

從流星體而來的間接證據顯示，有些小行星會在劇烈碰撞中產生熱。有些大的小行星會完全熔融，區分成一個密度較大的鐵核，以及石質的函部。在 2005 年 11 月，日本的隼鳥號（Hayabusa）探測艇降落在編號 25143 的糸川小行星上，那是一顆小型的近地小行星。隼鳥號在 2010 年 6 月帶著採集到的樣本返回地球。

彗星：髒雪球

彗星就像小行星一樣，是太陽系形成初期遺留下的殘餘物質。它們是石質物質、灰塵、水冰、還有冰凍氣體（氨、甲烷與二氧化碳）的鬆散組合，所以暱稱為「髒雪球」。最近造訪彗星的太空任務顯示，它們的表面是乾燥且多灰塵的，這意味它們的冰藏在岩石碎屑底下。

多數的彗星位於太陽系的外層，需要花幾百年或上千年才能環繞太陽一周。然而有一小部分短週期的彗星（週期小於 200 年），會規律的進入太陽系內部，如著名的哈雷彗星（圖 15.39）。恩克彗星（Encke's Comet）是週期最短的彗星，每 3 年就環繞太陽一圈。

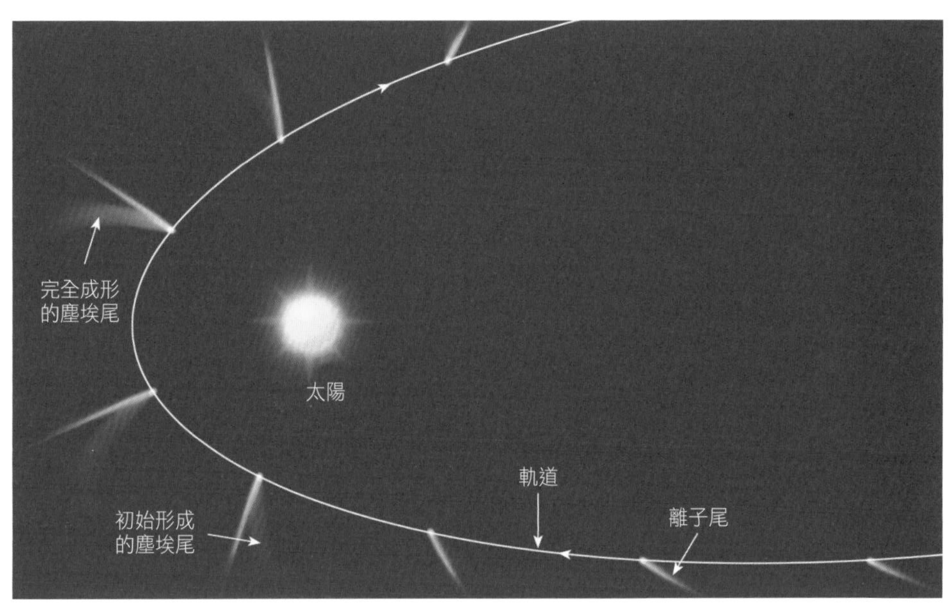

圖15.39 彗星繞行太陽時，彗尾的方向。

彗星的所有現象都來自一個很小的中心體，稱為**彗核**。這個結構一般直徑是 1 到 10 公里，但也有些達到 40 公里。當彗星進入太陽系內部時，太陽的能量會使其中的冰蒸發，散溢的氣體會帶著灰塵離開彗星表面，產生強烈反光的光暈，稱為**彗髮**（圖 15.40）。在彗髮當中，有時候可以探測到那直徑僅有數公里的彗核。

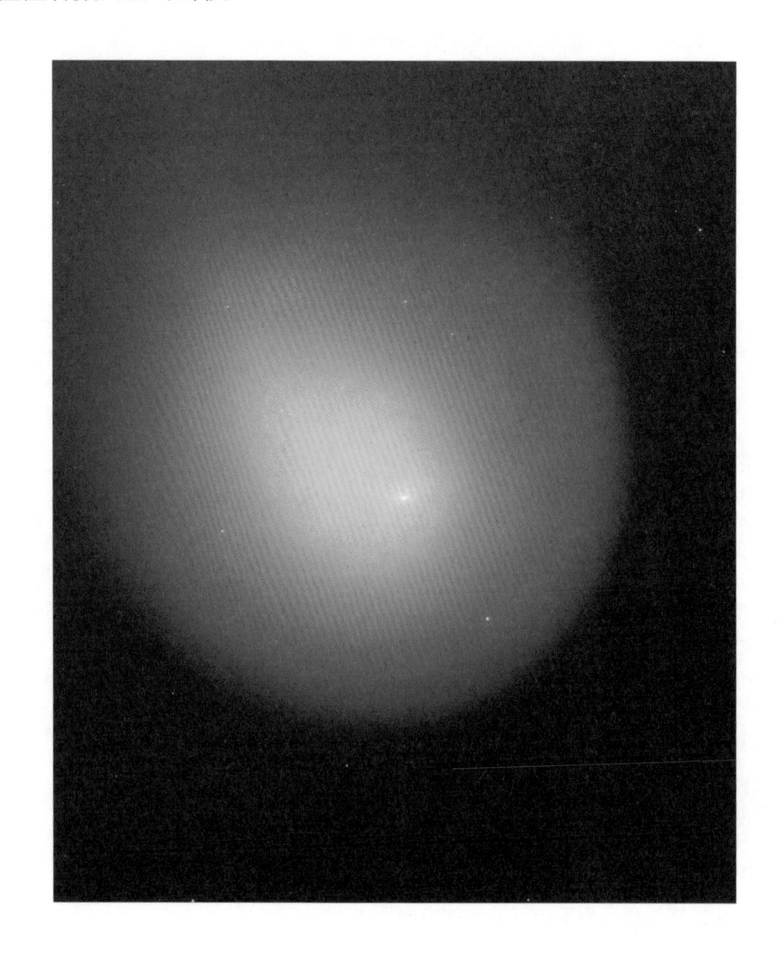

圖15.40 霍姆斯（Holmes）彗星的彗髮。彗核在其中的亮點內，這顆彗星繞太陽的週期要6年，當它進入太陽系內部的時候，會非比尋常的活躍起來。（Image by Spitzer Space Telescope, courtesy of NASA）

當彗星接近太陽，多數會產生綿延幾百萬公里的尾巴，方向會有點弧度的背向太陽（圖 15.39）。這讓早期的天文學家相信，太陽有個推力把彗髮的粒子推成尾巴。科學家目前已經確認有二種力有助於尾巴的形成：一個是因為太陽光輻射造成的輻射壓，第二個則是太陽風吹拂下產生的一連串從太陽散發出的帶電粒子。有的時候一個尾巴就包含了灰塵與離子氣體，但多數的時候都可以觀察到兩個尾巴。較重的塵埃尾會沿彗星運行的軌道產生些微的弧度，而相當輕的離子尾則會直接被推向背對太陽的方向，形成第二條尾巴。

彗星在軌道上繼續前行，遠離太陽的時候，從彗髮產生的氣體又再度凝結，尾巴便消失，彗星又成了一個冷凍庫。從彗髮被吹出的物質會永久散失，因此當所有的氣體都蒸散光了，這個不再活躍的彗星，就很像是小行星，它不會產生彗髮與彗尾，但仍繼續在原本的軌道上運行。目前科學家相信，有些彗星會持續超過數百年在接近太陽的時候保持活躍，不斷有氣體蒸逸出來。

第一個彗髮樣本在 2006 年 1 月，由美國航太總署的星塵號（Stardust）太空船從威德 2 號彗星（Comet Wild 2）上帶回地球（圖 15.41）。星塵號的影像顯示，彗星表面有平底的窪地，外觀看起來乾燥，有至少 10 處的氣體噴流仍然活躍。實驗室的分析顯示，彗髮中包含很多種類的有機化合物，以及豐富的矽晶化合物。

多數的彗星起源於兩個地方，一是柯伊伯帶（Kuiper belt），另一處則是歐特雲（Oort cloud）。**柯伊伯帶**這名稱是為了紀念天文學家柯伊伯（Gerald Kuiper, 1905-1973），他預測會在太陽系外側、海王星外圍有此區域存在（見圖 15.13）。這個碟狀結構含有數十億顆超過 1 公里大小的天體。然而多數的彗星太小、太遠，無法從地球上觀測，即使用哈伯太空望遠鏡也不容易。就像在太陽系內部的小行星那樣，大部分柯伊伯帶彗星的公轉軌道會有點

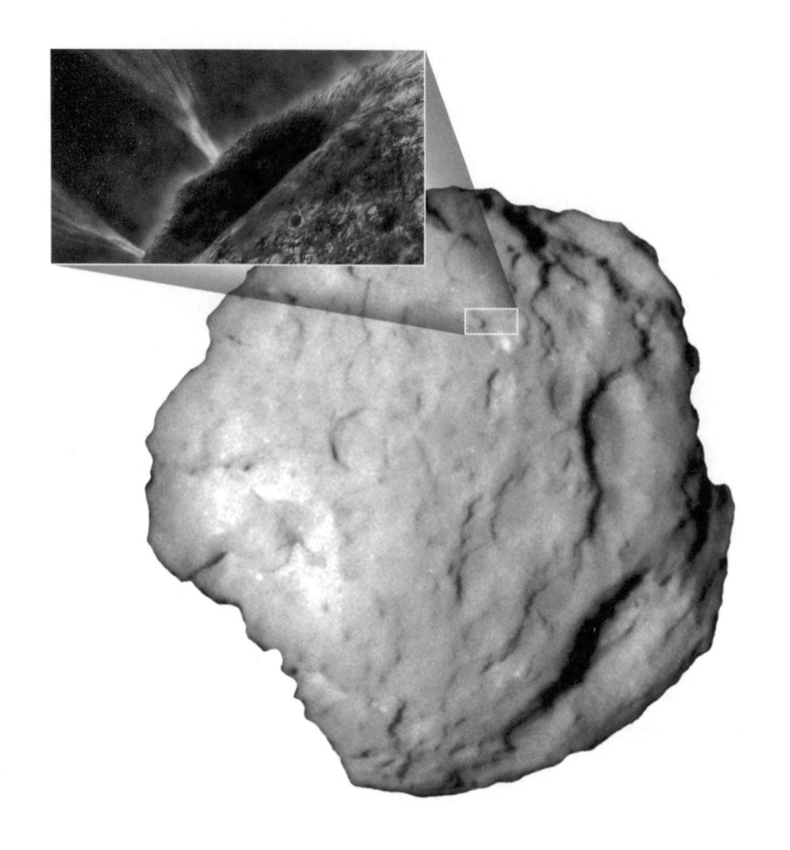

圖15.41 威德2號彗星是美國航太總署星塵號太空船的觀測目標，這是星塵號經過此彗星時拍攝的影像。內插圖是藝術家想像中，氣體與塵埃從彗星表面噴射而出的景象。

狹長，多數會與行星的公轉軌道同一平面。柯伊伯帶彗星之間偶爾會兩兩相撞，或受到類木行星的引力影響，偶爾可能因此造成彗星的軌道顯著的改變，把它們送到我們觀測得到的範圍。

哈雷彗星極可能源自柯伊伯帶，它的軌道週期是 76 年，從西元前 240 年開始到現在，在中國史書上出現了 29 次，這也應證了中國在天文觀測上的貢獻，以及中國文化的悠久。當哈雷彗星在 1910 年回歸，靠近太陽時，發展出 160 萬公里長的尾巴，即使白天也可看到。

歐特雲則是以荷蘭天文學家歐特（Jan Oort, 1900-1992）為名，歐特雲的彗星散布在太陽系周圍的各個方向上，環繞太陽系形成球狀的殼層。多數來自歐特雲的彗星，其軌道到太陽的距離是日地距離的 1 萬倍。偶爾一顆擦身而過的星體可能會施以引力，讓它產生極狹長的橢圓軌道，往太陽前去，然而只有非常小比例的歐特雲彗星，有機會進入太陽系較內部之處。

流星體：到地球的訪客

幾乎每個人都看過流星，過去認為那是墜落的星星，這是不對的。這些光點流動的痕跡短則一眨眼的時間，長則可維持好幾秒。這是由於微小的固態粒子（**流星體**），從外太空進入地球大氣，因為流星體與空氣的摩擦產生的熱，在天空中所畫下的光跡。多數的流星體有以下三種來源：（1）在太陽系形成過程中，錯過行星引力的吸引而殘留在行星際間的剩餘殘骸；（2）從小行星帶持續噴出的物質；（3）彗星經過地球軌道後所殘留的石質或金屬物質。另外有些流星體可能是月球、火星、或水星噴出的碎片，是因為小行星的劇烈撞擊而產生的。在阿波羅太空人帶回月球岩石之前，隕石是實驗室研究地外物質的唯一方式。

直徑小於 1 公尺的流星體，通常在到達地球表面前會完全蒸發。有些稱為*微隕石*的物體非常細小，墜落速度也很慢，是以太空塵埃的方式持續飄浮到達地球表面。科學家估計，每天進入地球大氣的流星體約有數千顆，在晴朗的傍晚，天空變暗後，流星就會出現，有的亮到肉眼即可觀測。

觀測流星偶爾會發現，在某些時段出現的頻率特別高，一個小時可多達 60 顆或更多。這情況稱為**流星雨**，這是由於一群流星體以相同方向和速率接近的關係。這些流星體群和短週期的彗星有強烈的相關，因此學者都相信這代表彗星噴出的物質殘骸（表 15.3）。有些流星體群並沒有已知的彗星軌道可與之對應，這有可能是過去曾存在過的彗星遺留下來的。著名的英仙座流星雨發生在每年的 8 月 12 日左右，有可能是史威福－塔托彗星（Comet Swift-Tuttle）在上一次接近太陽時，遺留下的物質造成的。

沒燒光的流星，多數來自較大的流星體，它們會在偶爾與木星接近的時候，受其引力修正自己的軌道而可能朝向地球奔來，在地球附近再受到地心引力的作用而下墜。

一些非常大的流星體會在地球表面撞出像月球上那樣的撞擊坑。目前

表15.3　主要的流星雨

流星雨	最可能出現的日期	相對應的母彗星
象限儀座	1月4日至6日	—
天琴座	4月20日至23日	彗星編號1861 I
寶瓶座 η	5月3日至5日	哈雷彗星
寶瓶座 δ	7月30日	—
英仙座	8月12日	彗星編號1862 III
天龍座	10月7日至10日	佳可碧尼－岑尼彗星（Comet Giacobini-Zinner）
獵戶座	10月20日	哈雷彗星
金牛座	11月3日至13日	恩克彗星
仙女座	11月14日	碧葉拉彗星（Comet Biela）
獅子座	11月18日	彗星編號1866 I
雙子座	12月4日至16日	—

地球上有至少 40 個大型撞擊坑，這些坑洞只可能是由大型的小行星或彗星核，經由爆炸性的碰撞所產生。地球上還有超過 250 個可能的碰撞遺跡。最著名的是美國亞歷桑納州的隕石坑（圖 15.42），那是一個直徑超過 1 公里的巨大坑洞，深達 170 公尺，有向上彎曲的邊緣，讓附近的土地都些微隆起。附近區域有超過 30 噸的鐵屑，但無法找到隕石主體。根據在隕石坑邊緣觀察到的侵蝕情況判斷，此處的撞擊事件發生於 5 萬年之內。

圖15.42 亞利桑納州的溫斯洛（Winslow）隕石坑，直徑有1.2公里，深度170公尺。太陽系中滿布流星體或其他物質，可能會與地球擦撞，產生爆炸性的傷害。
（Photo by Michael Collier）

在地球上發現的剩餘流星體通常稱為**隕石**，可根據其成分分為三類：(1) 鐵隕石，此類含鐵量很高，同時也有 5 ～ 20% 為鎳；(2) 石隕石（又稱球粒隕石），以矽礦物為主，也含其他礦物成分；(3) 石鐵隕石，這是前兩類的混合。雖然石隕石較常見，但鐵隕石發現的數量較多，因為鐵質較禁得起撞擊，且風化侵蝕的速率較慢，也容易與地球上其他石頭區分出來。鐵隕石可能來自大型小行星或小行星，當初熔融的核心碎片。

有一個型態的石隕石稱為碳質球粒隕石，內含有機化合物，偶爾會有簡單的胺基酸，胺基酸是建造生命的基本單元。在觀測天文學上也有類似的發現，這顯示星際間存在很多有機化合物。

從隕石來的資料，可用來確定地球的內部結構，以及太陽系的年齡。如果如同一些行星地質學家所認為，隕石代表類地行星的組成，那麼我們行星含鐵的比例，應該比目前地表岩石的鐵含量還高。這就是地質學家認為，地球核心應該大部分是鐵和鎳的原因之一。此外，利用隕石的放射性定年法，可以推估出太陽系的年齡大約為 46 億年。這個數字可從月岩樣本採取到的資料，獲得肯定。

矮行星

天文學家原本一直希望找尋海王星之外的其他行星，以便解釋海王星軌道的不規律現象，後來好不容易在 1930 年發現冥王星，這個疑團卻不曾稍減，反而更大。最初以為冥王星是如同地球大小的行星——這顯然太小了，不足以明顯改變海王星的軌道；稍後衛星影像技術提升了，發現冥王星的直徑比地球的一半還要小；到了 1978 年天文學家發現，冥王星顯然比看起來的還小，因為它有衛星凱倫（圖 15.43）。最近又根據哈伯太空望遠鏡來計算冥王星的直徑，它應該僅有 2300 公里，只有地球直徑的五分之一，

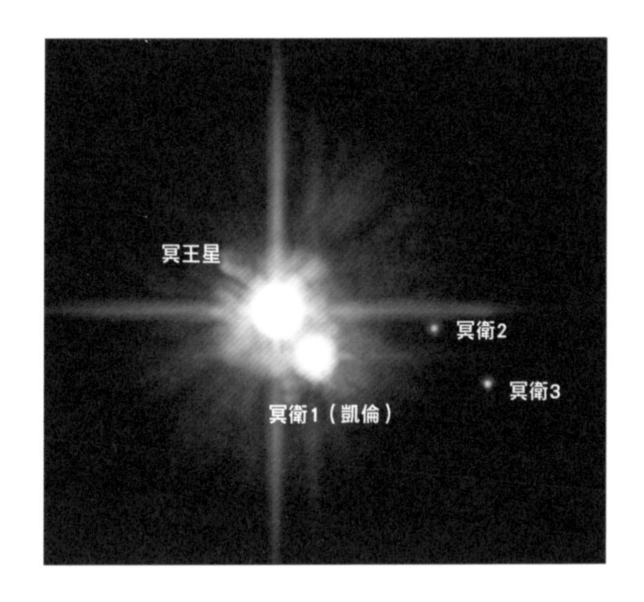

圖15.43 哈伯太空望遠鏡所拍攝的冥王星的影像，目前已知它有三個衛星。
（Courtesy of NASA）

甚至比水星的一半還要小，是太陽系行星中的小個子。事實上太陽系中有 7 顆衛星，其中包括我們的月亮，都比冥王星大。

天文學家發現海王星的軌道外面還有其他大型冰封天體時，大家更關切的卻是冥王星的行星地位。在柯伊伯帶發現的天體至今已累積到上千顆之譜，由此可見柯伊伯帶是位於太陽系外圍的第二個小行星帶。柯伊伯帶的天體富含冰，物理特性與彗星類似。科學家認為，在海王星軌道之外應該會有比冥王星更大的天體存在。

負責天體命名與分類的國際天文學聯合會，為了處理冥王星尷尬的身分問題，於 2006 年投票決定，在太陽系天體當中建立一個新類別，稱為矮行星。這是指圍繞太陽的天體，本質上會因自身的重力而呈現圓球形，但又沒有大到把自己軌道上的其他碎屑都清乾淨。按照這個定義，冥王星屬於矮行星，此外同屬柯伊伯帶天體的鬩神星（Eris）也屬於矮行星，而位於小行星帶最大的穀神星（Ceres）也屬於這個新類別。

冥王星的重新分類，並不是第一次對行星降級，早在十九世紀初期，天文學教科書列出太陽系的行星已多達 11 個，包括了小行星帶的灶神星（Vesta）、婚神星（Juno）、穀神星、和智神星（Pallas）。天文學家持續發現數十個這樣的「行星」，顯示這些小天體代表的星體類別，並不是行星。

研究人員現在明白了，冥王星與傳統行星相較是那麼獨特，既不同於 4 顆類地行星，也迥異於另外 4 顆氣體行星。這個新分類將會給其他矮行星一個歸屬，天文學家預期在太陽系內有數以百計的矮行星。

第一艘以探索太陽系外圍為研究目標的無人太空船，新視野號（New Horizons），在 2006 年 1 月發射，預定在 2015 年 7 月飛越冥王星，然後再去探索柯伊伯帶的其他天體。新視野號太空船很有機會，協助天文學家對太陽系有更進一步的認識。

■ 古希臘學者所持的宇宙觀為地心說，認為大地是球形，地球在宇宙的中心不會運動。環繞地球的有月亮、太陽、水星、金星、火星、木星和土星。對古希臘學者而言，星星每天都在一個中空的透明天球上環繞大地。到了西元 141 年，托勒密把這個地心說的觀念集結成冊，完成了後人稱之為「托勒密系統」的宇宙體系。

■ 近代天文學到了十六世紀與十七世紀開始發展。哥白尼重新建立太陽系，把太陽放在宇宙中心，行星在周圍環繞，但這時還承襲古代想法，認為行星的軌道都是圓形。第谷的天文觀測能力遠較於過去的天文學家精確，這是他對對天文學的貢獻。克卜勒則在第谷的觀測基礎上，發展出三大行星運動定律，開啟了新天文學的大門。伽利略利用自己製作的望遠鏡，發現了許多支持哥白尼日心說體系的證據，以及物體在不受力下，等速直線運動的特性。牛頓則在前人的基礎上，發展出了運動定律以及萬有引力定律，再加上物體以直線前進的傾向，解釋了行星會有橢圓軌道。

■ 行星可以分為兩類：一類是類地行星（水星、金星、地球與火星），另一類是類木行星（木星、土星、天王星與海王星）。與類木行星相較，類地行星比較小、密度大、包含了許多石質成分，自轉較慢，大氣也較稀薄。

- 星雲說描述了太陽系形成的過程。行星和太陽是大約在 50 億年前，從稱為星雲的巨大塵埃與氣體中形成的。當這團星雲收縮時，它會開始快轉並形成扁平的碟狀結構。物質受到萬有引力吸引的影響，往中心集中，形成原太陽，在旋轉的盤面上也會出現小的質量匯聚中心，形成原始行星，慢慢把散布於盤面的星雲殘骸清乾淨。太陽系內部的行星（水星、金星、地球與火星）因為本身的高溫，而且重力太弱，無法留住原本星雲中較輕的成分（氫、氦、甲烷和水）；身處外圍的類木行星因為溫度很低，且離太陽遠，所以能夠保留較高比例的水、二氧化碳、氨與甲烷。

- 月球表面有幾項特徵，多數的坑洞是由行星間快速移動的殘骸（流星體與小行星）撞擊所造成。月球上大多數的地區，都是顏色較淡、滿布隕石坑的高地。其中顏色較暗且相當平坦的低地稱為月海，這是大型隕石坑形成後，月球內部的液態玄武岩質熔岩流出填平所形成。月球表面都包覆一層土壤般的灰，那是沒有固結的殘骸，稱為月土，這是數十億年來大大小小的撞擊後果。

- 最靠近太陽的行星是水星。水星是很小、密度高又幾乎沒有大氣的行星，晝夜溫差很大。金星是地球上看出去最明亮的行星，它有濃厚的大氣，壓力是地球大氣壓的 90 倍，其中 97% 是二氧化碳；金星表面溫度高達 475℃，表面有相對平緩的地形以及死火山。火星是紅色的行星，大氣中也充滿了二氧化碳，但氣壓僅有地球的 1%；火星上還有大規模的沙塵暴、許多死火山、無數的大峽谷、一些沖積平原，有些就如同地球的河谷地形一般。木星是最大的行星，自轉得相當快，外觀上有條紋以及會改變大小的大紅斑，身旁伴有至少 63 顆衛星（其中一個名為埃歐，上面還有火山活動）以及黯淡的環系統。土星最讓人注意的是它的環，此外它的大氣相當有動力，風速可達時速 1,500 公里，另有一些類似木星大紅斑的風暴系統。天王星和海王星通常可視為雙胞胎，因為結構和成分都很像。天王星特別之處在於它是躺在黃道面上轉，海王星則是在其主要雲層上方還有一些白色、卷雲狀的結構，另有大暗斑，這顯示了海王星的旋轉風暴系統很類似木星的大紅斑。

- 太陽系當中的小天體包括了小行星、彗星、流星體與矮行星。多數的小行星位於火星和木星之間。小行星是太陽星雲中沒機會積聚成行星，所剩餘的石質或金屬殘骸。彗星是由冰（水、氨、甲烷、二氧化碳、一氧化碳等）與石質和金屬物質所組成。多數的彗星被認為來自太陽系外圍的柯伊伯帶或歐特雲。流星體是彗星的殘骸，或大型星體碰撞後濺出的固體粒子。流星體進入地球大氣後，會氣化成一道光跡，形成流星。當地球在公轉軌道運行時遇到一群流星體時，就會形成流星雨。通常這群流星體是彗星所遺留下的物質。隕石是流星體落在地球上後，留下的殘骸。近來冥王星被歸類的一個新類別，稱為矮行星。

小行星 asteroid 成千上萬個像行星一樣的小天體，體積範圍從數百公里到小於 1 公里，其軌道範圍主要在火星與木星之間。

小行星帶 asteroid belt 在火星與木星的軌道間，小行星密集分布，多數的小行星軌道都位於此處，因此稱為小行星帶。

天文單位 astronomical unit, AU 地球到太陽的平均距離，相當於 1.5×10^8 公里。

天球 celestial sphere 古人認為星體都是鑲在一個想像的中空球上，一起繞著地球旋轉。

太陽系小天體 small solar system bodies 太陽系當中不是行星或矮行星的物體，例如彗星與小行星。

太陽星雲 solar nebula 星際氣體（主要是氫和氦）與灰塵所組成的旋轉雲氣。

月土 lunar regolith 一種很細、灰色的月球表層，內含一些鬆散細緻、破碎的物質，據信是因為月球表面不斷遭隕石撞擊而形成的。

月面高地 terrae 在月球上較高的區域，通常顏色較淡，性質近似地球上的大陸地殼。

月海 maria (mare) 對月球表面平坦的區域之拉丁文名稱，早期科學家以為是海，因而沿用。

月球高地 lunar highlands 月球上顏色較亮的區域，很像地球的大陸地殼。

冰火山作用 cryovolcanism 在一些較寒冷之處，以水冰的相變化替代一般火山的岩漿與岩石的變化，其地表固態是冰，受到內部熱作用融化的時候會往外噴發、又冷卻堆積，成為冰火山。

地心說 geocentric 托勒密模型（Ptolemaic model）把地球視為宇宙中心的概念。

托勒密模型 Ptolemaic model 一個以地球為中心的宇宙觀。

柯伊伯帶 Kuiper belt 這名稱在紀念天文學家柯伊伯（Gerald Kuiper, 1905-1973），他預測會在太陽系外側、海王星外圍有此區域存在，是彗星起源地之一。

星雲說 nebular theory 一個關於太陽系起源的理論，認為太陽和行星是從一個旋轉的灰塵與氣體星雲收縮而成。

流星 meteor 當一個流星體進入地球大氣後，劃過天際燃燒發光的景象。

流星雨 meteor shower 當地球在公轉軌道遇上一叢流星體時，天空會在短時間內出現很多流星的情況。

流星體 meteoroid 在太陽系中有繞行軌道的小固體粒子。

原始行星 protoplanet 在太陽系的形成理論中，用來描述行星前身狀態的物體。

逆行 retrograde motion 相對於背景恆星而言，行星往西的視運動。

彗星 comet 一種由灰塵和冰塊混合而成的小天體，繞行太陽的軌道通常非常狹長。

彗核 nucleus 彗星中心的很小部分，通常直徑只有 1 到 10 公里。

彗髮 coma 彗星靠近太陽時表面蒸散出的氣體反射太陽光所造成的光暈。

脫離速度 escape velocity 一個物體要從特定天體表面脫離的初始速度。

微行星 planetesimals 在太陽系的形成理論當中，原始行星的前身是來自許多如流星體般大小的物體，稱為微行星。

矮行星 dwarf planet 圍繞太陽的天體當中，具有圓球形外觀，但尚未把軌道附近其他碎屑清乾淨者。

隕石 meteorite 流星體穿過地球大氣後，落在地球表面還未燒完的殘留部分。

撞擊坑 impact crater 在固態天體表面，因為與其他天體相撞而產生的坑洞。

歐特雲 Oort cloud 在太陽系外層，大約是日地距離 1 萬倍遠之處，理論上會有個圓形殼層，那是由許多彗星所組成的結構。

類木行星 Jovian planet 特性如木星一般的行星，包括了木星、土星、天王星、與海王星。這些行星的密度都比較低。

類地行星 terrestrial planet 特性如地球的行星，包括了水星、金星、地球和火星。

1. 為什麼古人會認為天體能控制人的命運？
2. 請描述火星逆行的原因。托勒密藉由什麼樣的幾何設計來解釋這個運動？
3. 哥白尼對托勒密系統的最大改變是什麼？
4. 第谷對科學的貢獻為何？
5. 望遠鏡是伽利略發明的嗎？
6. 請解釋為何伽利略發現木星的四顆較大月亮，可以當成支持哥白尼日心說的論點之一。
7. 牛頓把行星的公轉看成是兩種作用綜合的效果，請解釋是哪兩種作用。
8. 請比較類地行星與類木行星的自轉週期。
9. 請計算木星赤道上的自轉速度（以時速幾公里為單位表示）。木星的周長大約 452,000 公里。
10. 類地行星與類木行星的區分是用什麼標準？
11. 是什麼原因造成類地行星與類木行星的密度差異？
12. 請解釋類地行星的大氣為什麼比類木行星稀薄？
13. 月球表面是如何用隕石坑的密度來定出相對年齡？

14.請簡單描述月球形成的過程。

15.月海與哥倫比亞高原有哪些類似之處？

16.金星曾被視為是地球的雙生姊妹，它們二者間有哪些相似？又有哪些不同？

17.火星有哪些表面特徵與地球一樣？

18.為什麼地球上最大的火山比火星上最大的火山小很多？

19.為什麼天文地質學家會對火星表面之內部水滲流出的證據感到困惑？

20.木星的大紅斑特質為何？

21.木星之伽利略衛星的命名由來為何？

22.木星的衛星埃歐有什麼特別？

23.為什麼木星的幾個小衛星會被認為是捕抓來的？

24.木星和土星有哪些地方相似？

25.行星環旁邊的衛星，在行星環系統扮演什麼角色？

26.土星的衛星泰坦與海王星衛星海衛 1 有什麼地方相似？

27.請說出在太陽系當中還有活火山作用的地方。

28.小行星多數位於哪裡？

29.如果地球穿過彗尾，你認為會發生什麼事？

30.科學家認為多數的彗星位於哪裡？當彗星靠近太陽的時候會發生什麼情況？

31.請比較流星體、流星和隕石。

32.流星體的三大來源為何？

33.月球比地球小，萬有引力應該比較弱，為什麼月球上的撞擊坑比地球上還要多？

34.科學家估計哈雷彗星的質量應該是 1,000 億噸，而它每次回歸會喪失 1 億噸的物質，如果照目前 76 年回歸一次，則它最多可以回歸幾次？

超越太陽系★

學習焦點

留意以下的問題，
對掌握本章的重要觀念將相當有幫助：

1. 如何使用視差原理來測量恆星到地球的距離？
2. 恆星內部的主要特性為何？
3. 恆星大小的分類為何？
4. 星雲有哪些不同的類別？
5. 恆星演化最可能的模式為何？恆星的生命週期有哪些階段？
6. 在恆星燒完內部的核反應燃料而開始收縮後，
   可能出現的最終狀態有哪些？
7. 我們自己的銀河系看起來像什麼？
8. 星系有哪些不同的形態？
9. 都卜勒頻移是什麼意思？
10. 何謂描述宇宙起源的大霹靂理論？

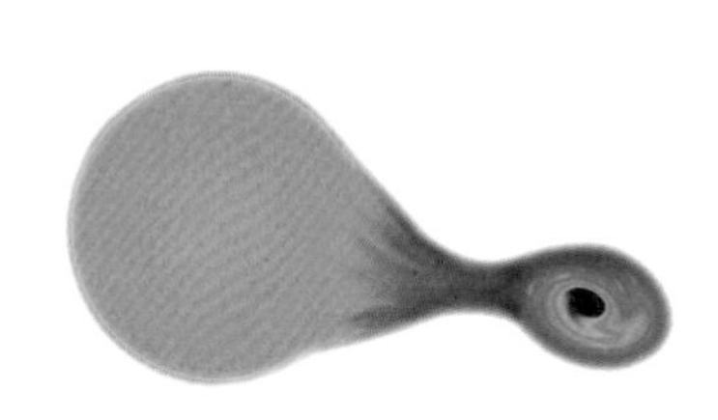

★ 本章內容經由塔布克（Teresa Tarbuck）與瓦特瑞（Mark Watry）協助修正。

撇開太陽、月亮、行星，以及偶爾來訪的彗星或流星，其他我們肉眼可見的天體都在太陽系之外。除了太陽，距離地球最近的恆星是半人馬座比鄰星（Proxima Centauri），大約 4.3 光年遠，幾乎是月亮到地球距離的 1 億倍。為了感受一下這樣的距離有多遠，我們假設地球到月亮的距離是一張紙上的兩個點，相距 0.1 公分，那麼按照這樣的尺度，太陽會在 39 公分之外，比鄰星則在 10 萬公里遠！這得需要相當長的一張紙才能畫出來，其長度足以環繞地球兩圈半。同樣以這個尺度來看，離我們最近的星系位在 600 億公里遠。這些事實顯示我們的宇宙是不可思議的大，並且不可思議的空曠，平均每立方公分僅蘊含 1 顆氫原子。

天文學家和宇宙學家*在研究廣大宇宙的本質時，曾嘗試回答以下的這些問題：我們的太陽是一顆普通的恆星嗎？別的恆星也有「太陽系」、也有像地球一樣的行星嗎？宇宙有多大？宇宙有起始點嗎？宇宙會有結束的時候嗎？本章就要帶您探索這些問題的答案。

像太陽一樣的恆星

太陽是唯一距離我們近到可以觀察其表面特徵的恆星，不過，天文學家目前已經對宇宙中其他恆星也瞭解得十分透徹，這些知識有賴於恆星與高溫雲氣朝各個方向輻射而出的巨大能量（圖 16.1），而瞭解宇宙的關鍵，就在於收集這些輻射資訊，以解開深藏其中的奧祕。天文學家想出了許多巧妙的方法，目的僅是如此。

★ 宇宙學家研究的是宇宙的起始和演化。

圖16.1　礁湖星雲（Lagoon Nebula）。就是在這樣發光的雲氣中，氣體、灰塵等粒子慢慢收縮成恆星。
（Photo by NASA）

近星測距

想要測量恆星到地球的距離，並不容易，很顯然的，因為我們無法到那兒去。即使我們有功率強大的雷射測距儀，也要花上 8 年的時間才能接收從距離我們最近的恆星所反射回來的訊號，就算如此，我們還得要在正確的位置才能夠接收到訊號。然而天文學家還是發展出一些非直接的方法來測量天體的距離，其中最基本的就是*恆星視差*，一種僅限於測量最近的恆星的方法。

回想我們在第 15 章提過的**恆星視差**，這是因為地球在公轉軌道上的移動，而使得近距離恆星的*視位置*（apparent position）產生了前後微幅移動的現象。視差的原理很容易看出來。請閉上一隻眼睛，用單眼觀察眼前垂直指向上的食指，與另一較遠物體的關係；然後不要移動手指與你的頭，改用另外一隻眼睛觀察那個物體，你會發現物體在背景中的位置已經改變了。接下來把手指伸到更遠的位置去觀察，你將發現，手指位置愈遠，物體位置的移動似乎也愈小。

理論上，這種計算恆星距離的方法是很基本的，早在古希臘就為人所知曉。時至今日，視差仍是藉著拍照，先標示出近距離恆星與遙遠恆星的相對位置，等 6 個月以後，當地球在公轉軌道上剛好繞了半圈，再拍下第二張照片，然後比對兩張照片，即可看出近地恆星在背景恆星間的位置已經產生些微的移動。圖 16.2 說明了視偏移與從視偏移所判定出來的視差角。愈近的恆星，視差角愈大，恆星如果太遠，則視差角會太小而無法測量。記得十六世紀的丹麥天文學家第谷（見第 107 頁）嗎？他因為無法看出任何一顆恆星的視差變化，從而否認了地球繞太陽公轉的想法。

實際上，視差的測量相當複雜，因為量測的角度很小，同時被測恆星和太陽所移動的方向並不相同，所以直到 1838 年才有精確的恆星視差被測量出來。到今天為止，視差角大到可以精確測量的恆星僅有數千顆，其他視差偏移量太小的恆星就不可能精確測量距離了。所幸後來還發展出其他方法來估算遙遠恆星的距離。此外，不被地球大氣層扭曲影響的哈伯太空望遠鏡，也讓我們獲得更多恆星的精確視差距離。

恆星視差角之小，說明了它們距離之遠，讓傳統慣用的長度單位，諸如公里、天文單位等的數字表達非常棘手，因此在提及天體距離的時候，

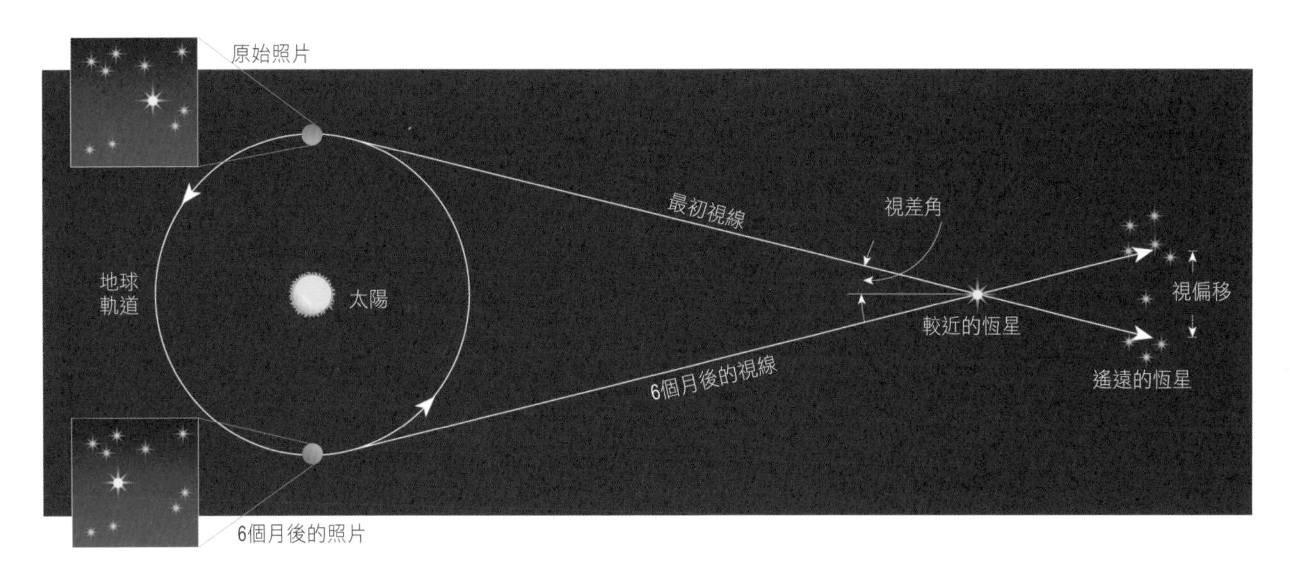

圖16.2　恆星視差的幾何圖解。為了表現出原理，圖裡的視差角放大了，這是因為實際上和地球最近的恆星，也有太陽到地球距離的幾千倍，因此天文學家所計算的三角形其實是非常長且細窄的，造成所要測量的視差角非常小。

以光年來表達比較方便，意思就是光在一個地球年裡行進的距離，相當於9.5 兆公里。

恆星亮度

最古老的恆星分類方式，是依據其亮度，也可稱之為光度或星等，因為科學家很自然的認為那些特別亮的星，與其他特別暗的星會有些許不同。有三個因素會影響我們在地球上看到恆星的亮度：恆星有多大、有多熱、以及距離有多遠。夜空中的恆星在大小、溫度與距離這三個方面有很大的差異，所以其視亮度的範圍也非常廣。

視星等

恆星依據其視亮度來分類，至少在西元前二世紀就已經開始了。希巴爾卡斯（Hipparchus, 190-125 B.C.）依據他能夠用肉眼看出的亮度差異，把大約 850 顆恆星分成 6 類。因為希巴爾卡斯只能確實看出 6 種不同的亮度，所以創造了 6 種類別，後來被稱為星等，1 等星（數值最小）最亮，6 等星（數值最大）最暗。因為有些恆星看起來比較暗，只是因為它距離地球比較遠，所以我們把從地球看到的恆星亮度，稱為**視星等**。等到後來發明了望遠鏡，才發現許多比 6 等星更暗的恆星。

到了十八世紀初始，便發展出將星等等級標準化的方法，就是把 1 等星所發出的光與 6 等星發出的光來做絕對比較，並且定義 1 等星比 6 等星亮了 100 倍。依照這個標準，任何星等差距為 5 的恆星，其亮度比皆為 100 比 1，所以一個 3 等星會比 8 等星還要亮 100 倍。其次，相鄰兩個星等的星，其亮度比大約為 2.5*；也就是 1 等星會比 2 等星還要亮 2.5 倍。表 16.1 顯示了星等與亮度比之間的關係。

★ 2.512 × 2.512 × 2.512 × 2.512 × 2.512，或者說 2.512 的 5 次方，等於 100。

表16.1　恆星的亮度比

星等差距	亮度比
0.5	1.6 : 1
1	2.5 : 1
2	6.3 : 1
3	16 : 1
4	40 : 1
5	100 : 1
10	10,000 : 1
20	100,000,000 : 1

因為有些天體比 1 等星還要亮，例如月亮和太陽，所以星等會有 0 或者負值。在這種標準下，太陽的視星等為－26.7，金星最亮的時候視星等為－4.3。相反的，我們利用加州帕洛瑪山天文台（Palomar Observatory）裡的 5 公尺海爾望遠鏡（Hale telescope），則可以看到視星等 23 的暗星，這比肉眼可見的星還要暗上 1 億倍。至於哈伯太空望遠鏡，則可以「看到」視星等為 30 的天體！

絕對星等

古早時候，天文學家以為宇宙很小——只有不到幾千顆恆星，而且每顆恆星到地球的距離都差不多，那時把視星等當做真實亮度的估計方法還算不錯。然而，我們現在知道宇宙是無法想像的大，內含數不盡的恆星，而且它們到地球的距離也差異很大。由於天文學家對於恆星的「真實」亮度極感興趣，所以就設計出一套稱做**絕對星等**的估算方法。

視星等相同的恆星，通常都不會有相同的亮度，這是因為它們到地球的距離不同。想像你在夜空中看到一架飛機從頭上經過，雖然飛機的燈可能看起來比背景的恆星還要亮，但我們知道它們其實並不可能比那些星星還亮。

天文學家藉著矯正距離，讓所有的恆星都在一個標準的距離上（距地球 32.6 光年），如此就可以確定它們的亮度（星等）。例如太陽的視星等是－26.7，但如果把它放在 32.6 光年遠之處，絕對星等就只有 +5。所以絕對星等比 +5 還要大（數值上較小）的星，其亮度會比太陽還亮，只不過因為距離較遠，所以才會看起來比較黯淡。表 16.2 列出一些恆星的視星等與絕對星等，以及它們到地球的距離。大多數恆星的絕對星等是介於－5（非常亮）到 +15（非常暗）之間，太陽則位於這範圍中間。

表16.2 例舉某些恆星的距離、視星等與絕對星等之間的關係

恆星	距離（光年）	視星等*	絕對星等*
太陽	NA	−26.7	5.0
半人馬座α星	4.27	0.0	4.4
天狼星	8.70	−1.4	1.5
大角星	36	−0.1	−0.3
參宿四	520	0.8	−5.5
天津四	1600	1.3	−6.9

* 星等定義與一般習慣的方式不同，數值愈大的愈暗，愈小的愈亮，負值比正值亮。

恆星顏色和溫度

下一次當你在晴朗的夜晚觀察星空，請好好觀察天上的星斗，並注意它們的顏色。因為我們眼睛在光線微弱時對顏色不夠敏感，所以請觀察最亮的那幾顆星。獵戶座就有幾顆顏色很明顯的恆星，其中兩顆最亮的，就是獵戶座的參宿七（獵戶座 β），是藍色的，參宿四（獵戶座 α）看起來就是紅色的。

表面溫度 30,000K 以上的炙熱恆星，以短波長形式的光發射出它們大部分的能量，所以看起來是藍色。另方面，表面溫度通常低於 3,000K 以下、較冷的恆星，會以長波長的紅光發射出能量，因此看起來是紅色的。像太陽一樣的恆星，表面溫度介於 5,000 到 6,000K 之間，則呈現黃色。因為顏色主要代表了恆星的表面溫度，因此研究恆星的顏色，可以提供許多有用的訊息。我們在後面的篇幅中也會探討，把溫度和星等綜合起來分析，便可得到許多關於恆星大小與質量的資訊。

雙星和恆星質量

眾所周知的北斗七星是由 7 顆星組成，但你如果視力好的話，會看到在斗勺上的第二顆星其實存在著兩顆星。十八世紀的時候，天文學家使用新工具望遠鏡發現了很多這樣的雙星，雙星中的其中一顆會比較黯淡，因此會被認定距離我們較遙遠。換句話說，這種雙星不是真的一對，只是從地球的角度看出去剛好在相同的視線上。

到了十九世紀初期，原籍德國的英國天文學家赫歇爾（William Herschel, 1738-1822）經過縝密的觀察之後，發現有很多成對的恆星，彼此之間其實是互相繞著轉的，事實上這兩顆星是被它們的萬有引力吸引在一起的。這些從望遠鏡才可以看出來其實相隔很遠的恆星對，我們稱之為**視雙星**。一顆恆星圍繞另一顆恆星打轉的觀點或許很不尋常，但實際上宇宙中超過一半的恆星都屬於雙星系統或多星系統。

雙星系統可以用來確定恆星最難以估量的特性──*質量*。當一個物體因萬有引力而附屬於另一個物體時，它的質量就可以計算出來。雙星是彼此繞著一個共同的點（質量中心，簡稱質心）而轉（圖 16.3），對於相同質量的兩顆恆星，質量中心剛好位於兩者距離的一半；如果其中一顆恆星的質量比它的夥伴大，則質心會比較靠近那顆質量大的恆星。因此如果可以觀察到兩者互繞的軌道大小，即可確認個別恆星的質量了。你可以在坐蹺蹺板時，試著讓體重較重（或較輕）的人保持平衡，來體驗類似的關係。

舉例來說，當一顆恆星的軌道大小（指的是半徑）是其伴星的一半，則它的質量就是其伴星的兩倍。如果它們的質量和為太陽質量的 3 倍，則較大的恆星質量就是太陽的兩倍，較小的恆星質量就會跟太陽一樣。大多數恆星的質量，集中在太陽質量的 1/10 到 50 倍之間。

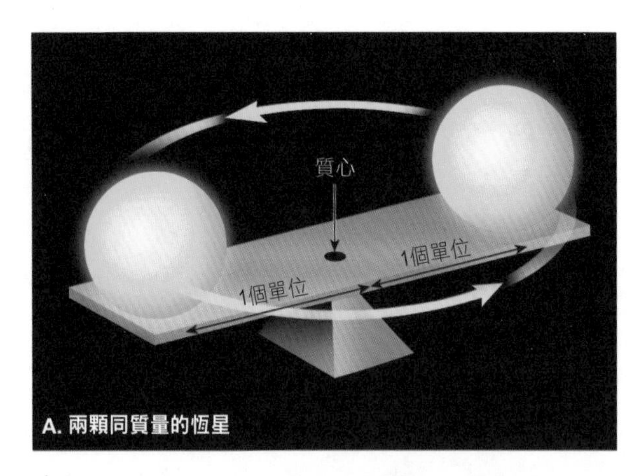

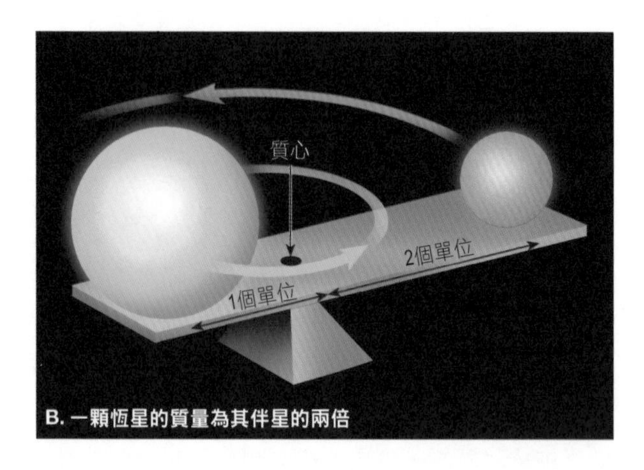

圖16.3 雙星彼此會繞著兩者的質量中心而轉。
A. 兩顆相同質量的恆星，質心會位於兩者距離間剛好一半的位置。
B. 如果雙星的其中一顆質量為另一顆的兩倍，則大質量恆星到質心的距離，會比小質量恆星到質心的距離還要近上一倍，因此 大質量恆星的繞行軌道，會比它伴星的軌道小。

變星

並非所有的恆星都像我們的太陽一樣釋放相對穩定的能量。亮度會改變的恆星，我們稱為變星；有些恆星藉由星體的變大和縮小，亮度會有規律的變化，這樣的恆星稱為**脈動變星**。天文學家研究變星的目的很多，例如試著確定一般恆星（好比太陽）一生之中的有些時間是否也會以變星的面貌呈現，果真如此，又會是哪種模樣……這類的問題。

最壯觀的一種變星，當屬**爆發變星**了。當爆發事件發生的時候，看起來就像一顆恆星突然變亮，我們稱之為新星（圖 16.4）。新星，顧名思義是一顆新出現的星，這是從古時觀星人就開始使用的名詞，因為在那些恆星亮度突然增加之前，他們並不曉得有那些星存在。

在一顆新星爆發的過程中，其外層會高速往外噴發，通常會在幾天之內達到最大亮度，但保持明亮的時間只有幾個星期，然後亮度慢慢減弱，最後會在差不多一年內慢慢回復到原本的亮度。因為這顆恆星又回復到新星之前的亮度，因此我們可以假設它在這段「發火」的過程中，只有少量的質量損失。有些恆星會經歷不只一次的噴發事件，事實上這過程很有可能會重複發生。

圖16.4　武仙座新星（Nova Herculis，武仙座裡的一顆新星）的照片。拍攝時間相距兩個月左右，可看出它的亮度明顯減弱。（Photo©UC Reqents/ Courtesy of Lick Observatory）

近代對新星的解釋是，新星出現在由紅巨星與白矮星組成的雙星系統中。由於紅巨星外圍富含氫的氣體擴張到進入熾熱白矮星的重力範圍，而流向白矮星，最後，當夠多富含氫氣的氣體轉移到熾熱白矮星時，白矮星會爆發燃燒。這種熱核反應（thermonuclear reaction）會使白矮星外圍氣體層快速的加熱、擴張，形成了一顆「新星」。在相對短的時間當中，白矮星會恢復到之前未爆發的狀態，默默等待下一次的爆發。

跟新星一樣，**超新星**也是亮度急遽增加的恆星，然而這兩個現象不太相同。超新星是更加慘烈的爆炸事件，它可以在短短的幾個月內就輻射出太陽終其一生才能釋放出的能量。此外，超新星爆發的時候，其外層會爆炸性的噴發出去，這個主題我們將在稍後細究（圖 16.5）。

圖16.5 由NASA的大天文台（Great Observatories）拍攝到的3張照片所合成的虛擬影像，這顆超新星最後在如火球般的爆炸中逝去。這顆仙后座A的超新星殘骸，位於地球10,000光年遠的仙后座內。位於中心隱約可見的藍綠色小點，是這顆已逝恆星的殘骸，我們稱之為中子星。
（Photo by NASA）

赫羅圖

二十世紀初期，丹麥天文學家赫茲普隆（Ejnar Hertzsprung, 1873-1967）與美國天文學家羅素（Henry Norris Russell, 1877-1957）兩人各自獨立研究恆星的真實亮度（絕對星等）與恆星表面溫度的關係，因而分別繪出了現今所謂的**赫羅圖**，其中顯現出恆星本質上的特性。研究赫羅圖可以瞭解許多恆星的大小、顏色、溫度之間的關係。

為了要繪製赫羅圖，天文學家勘測了一部分的夜空，並把每顆恆星的光度（亮度）與溫度關係畫出來，繪成一張圖（圖 16.6）。請注意在圖 16.6 上的恆星並不是均勻分布的，而是有 90% 的恆星都坐落在赫羅圖中從左上到右下的帶狀區塊上，這些「平凡」的恆星稱為**主序星**。如同圖 16.6 所顯示的，溫度最高的主序星本質上是最亮的，最冷的主序星本質上是最黯淡的。

主序星的光度也和其質量相關，最熱的星（藍色）質量大約是太陽質量的 50 倍左右，而最冷的星（紅色）質量僅為太陽的 1/10。因此在赫羅圖上，主序星是以降序的方式排列，從左上角較熱、質量較大的藍色恆星，往右下角較冷、質量較小的紅色恆星分布。

請注意太陽在圖 16.6 上的位置。太陽是一顆黃色的主序星，絕對星等為 5。因為絕大多數主序星的星等介於－5 和 15 之間，而太陽剛好位於中間，因此太陽通常被視為一顆中等星（average star）。

就像所有人都不會落在標準體型的範圍內一樣，有些恆星就很明顯與主序星不同。在赫羅圖上主序星分布的右上方，有一群很亮的恆星，稱之為巨星，或者基於它的顏色，稱之為**紅巨星**。這些巨星的大小，可藉由比

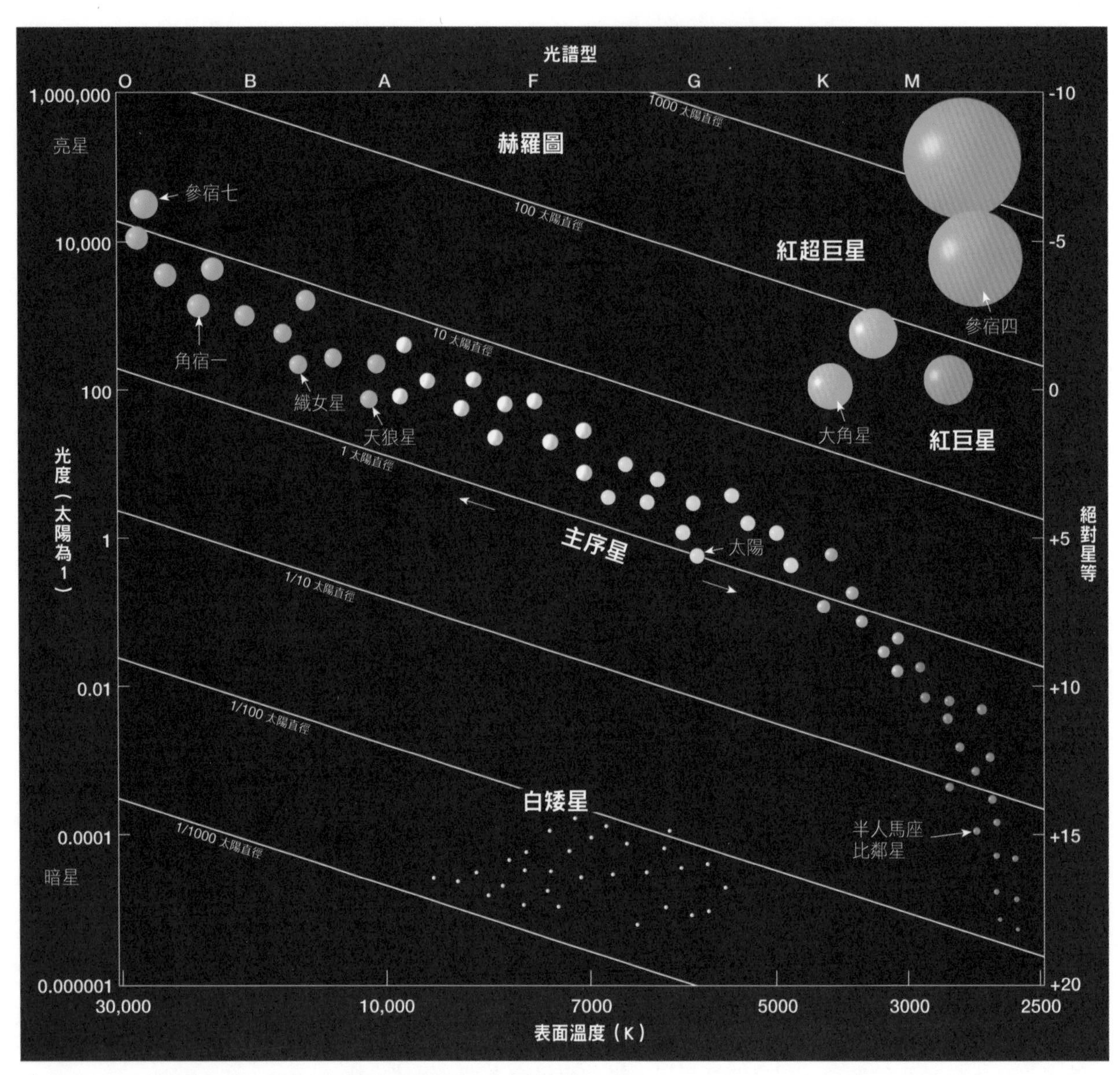

圖16.6 理想的赫羅圖，其中的恆星乃依據其溫度和絕對星等而畫。

較具有相同表面溫度且已知大小的恆星而估計出來。我們知道兩個具有相同表面溫度的物體，每單位面積所輻射出的能量是相同的，所以兩顆恆星在亮度上的任何差異，皆歸因於相對大小之不同。

舉例來說，一顆紅色的主序星和另一顆 100 倍光度的紅色的星，兩者單位面積所輻射出的能量是相同的，因此後者為了要比前者亮上 100 倍，它的表面積必須要是前者的 100 倍才行。擁有較大幅射表面積的恆星，會坐落在赫羅圖的右上方，並適切的稱之為巨星。

有些恆星太巨大了，因此稱之為超巨星。參宿四，一顆位於獵戶座的明亮紅色超巨星，其半徑約為太陽的 800 倍，如果這顆星是位於我們太陽系的中心的話，它的體積會涵蓋火星的軌道，地球也會包進參宿四內部。其他容易定位出來的紅巨星，還有牧夫座（Bootes）的大角星（Arturus）與天蠍座的心宿二（Antares）等。

在赫羅圖的左下角區域則是另一種極端，這些天體比起相同溫度的主序星，黯淡很多，用之前相同的推論方法可以得知，他們必定小得多，有些可能只有地球差不多大。這類的恆星稱為白矮星。

你知道嗎？

再過數十億年之後，太陽將會耗盡內部核心所剩的氫燃料，引發外層的氫融合反應，結果太陽的外層將會擴張，形成一顆紅巨星，到時太陽的體積會比現在還要大上數百倍，同時也更亮。它的強烈輻射會使地球上的海水沸騰，而太陽風也會驅散地球的大氣。再過個數十億年，太陽的最外層會消散，形成一個壯觀的行星狀星雲（planetary bula），內部則會收縮成一顆緻密、嬌小（行星大小）的白矮星。因為它體積很小，所以太陽到時候發散的能量僅是目前的 1% 不到。漸漸的，太陽將會釋放出內部的所有熱量，最後僅剩一顆冰冷、不再發光的天體。

在赫羅圖開始發展之後，天文學家馬上瞭解到，這對於解釋恆星的演化有很重要的意義。就像生物一樣，恆星也有出生、衰老和死亡。由於有90% 的恆星都位在主序星的範圍，因此我們可以相當確定恆星活躍的大部分時間都是顆主序星。其他只有幾個百分比的時間是巨星，而大約 10% 是處於白矮星的狀態。在簡短討論一下星際物質之後，我們將再回來探討恆星的演化和恆星的生命週期。

星際物質

恆星與恆星之間的廣大範圍是「真空的太空」。但這也不是真的真空，而是有一些聚集的灰塵和氣體分布其中，我們稱呼這些星際物質的聚集為星雲。如果星際物質靠近一顆非常熱（藍色）的恆星，它便會發光而被稱為**亮星雲**，亮星雲有兩種型態，一種是發射星雲，另一種是反射星雲。

發射星雲是一種由大量氫氣所組成的氣團，吸收隱身於星雲內或鄰近的熱星所放出的紫外線輻射。因為這些氣體的濃度（壓力）很低，所以它們又會把這些能量以可見光的型式再輻射或發射出去。這種把紫外線轉換為可見光的過程，稱為螢光作用，一種你在日常生活中隨處可見的螢光反應。

反射星雲正如其名，只是反射鄰近恆星的光（圖 16.7）。反射星雲可能是由密度較高的大粒子雲（**星際塵埃**）所組成的，這是因為密度低的原子氣體無法有效的把光反射出去，產生足以讓我們觀測得到的光輝，所以這種觀點才得以受到支持。

當一團星際物質附近並沒有亮星使其發光，就會成為**暗星雲**。舉例而

圖16.7　昴宿星團（Pleiades）中的淡藍色反射星雲，是由星雲中的灰塵反射星光而產生的。昴宿星團在金牛座，肉眼可見。（Photo by Observatorises/California Istitute of Technology）

圖16.8　獵戶座裡的馬頭星雲，是在發光的星雲狀物質裡的一個暗星雲。（Photo by ESO）

言，獵戶座的馬頭星雲（Horsehead Nebula）就是暗星雲，看起來就像是不透明體在明亮背景前所呈現出的輪廓（圖 16.8）。當我們觀測銀河的時候，暗星雲很容易就可以看出來，因為正如戰笛搖滾樂團的成名曲「天上的洞」（Holes in the Heaven）一般，那些無光的區域就是暗星雲之所在。

　　雖然星雲看起來很稠密，但實際上它們的組成是相當稀薄且散布的物質。然而，因為其體積很龐大，所以這些稀薄的粒子與分子的總質量仍然是太陽的好幾倍。天文學家對星際物質很感興趣，因為星際物質是恆星和行星之所以形成的來源。

恆星演化

想要描述一顆星如何誕生、衰老、然後死亡，這似乎有點不知天高地厚，畢竟很多天體的壽命都超過數十億年。然而藉由研究不同年齡的恆星是在它們生命週期中的哪個階段，天文學家已經慢慢拼湊出一個十分合理的恆星演化模型。

建立這個模型的方法，可能與一個外星生物在來到地球之前，為了瞭解人類生命發展的各個階段而使用的方法類似。藉著檢視許許多多各種年齡層的人，外星人可以觀察到人類的出生、小孩與成人的活動、以及老人的死去。外星人可以從這些資訊判斷人類發展階段的適當順序，根據人類各發展階段所對應的人數，甚至可以推斷成人所占的生命時間很可能比幼童長。以類似的方法，天文學家因此拼湊出恆星的生命故事。

最簡單的觀念是恆星生命的每個階段都由重力來支配。在稀薄雲氣中不同粒子之間的重力吸引，會足以讓雲氣塌縮；當雲氣被擠壓到難以想像的高壓時，溫度就會上升，最後點燃內部的核融合反應，一顆恆星就此誕生。恆星是一球高溫的氣體，它處於兩相對峙的力而維持平衡，一是試圖收縮的重力，另一則是試圖擴張的熱核能。到最後，恆星的所有核燃料終將燒盡，重力因而主導了恆星，讓它的殘骸繼續塌縮成一顆更小、更緊密的天體。

恆星誕生

恆星的出生地是黑暗、寒冷的星際雲氣，其中富含塵埃與氣體（圖

16.9）。在銀河中，這些氣體雲有 92% 是氫氣，7% 是氦氣，還有不到 1% 是其他較重的元素。一般認為啟動恆星形成的機制，是鄰近的一個毀滅性大爆炸（超新星）所產生的衝擊波。無論是哪個力開始發生作用，一旦這個過程開始，粒子間相互的重力吸引會讓雲氣較密的地方更易收縮，把每個粒子都拉向中心。在雲氣收縮時，重力位能會轉換成為動能或熱能，讓收縮的氣體溫度逐漸升高。

一開始的收縮大約需要 100 萬年的時間，隨著時間過去，氣體的溫度會緩慢而持續的升高，最後達到足以使表面輻射出紅光（長波長形式的能量）的溫度，此時這顆紅色的大天體溫度還沒有熱到足以點燃內部的核融合反應，所以還不算是恆星，這樣的天體我們稱之為原恆星。

圖16.9　在赫羅圖上顯示出一顆質量如太陽的恆星，它的演化歷程。

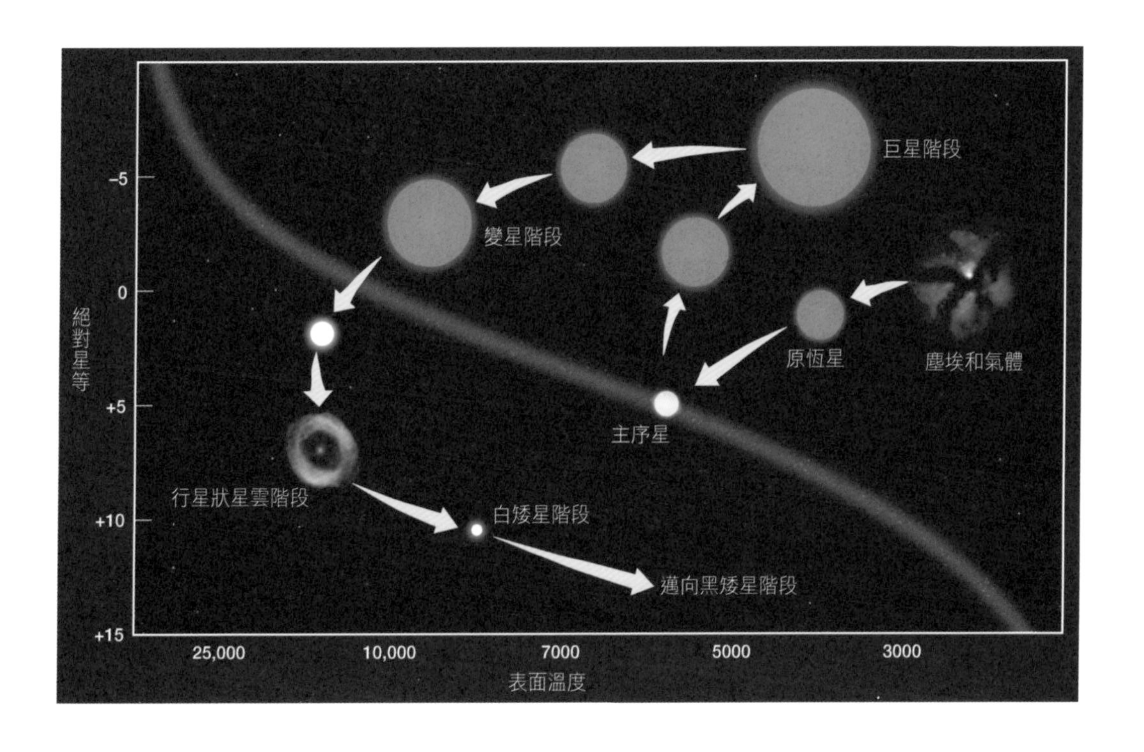

原恆星階段

在原恆星階段，重力收縮持續進行，剛開始比較慢，後來愈來愈快（圖 16.9）。這樣的塌縮使得核心發展出一顆恆星，溫度比外層周圍還要高，同時也還要緊密。一旦核心達到絕對溫度 1000 萬 K，壓力也會大到足以讓 4 個鄰近的氫核融合在一起成為一個氦核，天文學家稱這樣的核融合反應為**氫燃燒**，因為會釋放出巨大的能量。請注意這種熱核的燃燒，與一般化學所謂的木頭、煤炭燃燒出火焰並不相同。

氫的核融合反應所釋放的大量熱能，會讓恆星內部的氣體運動非常活躍，造成內部的氣壓升高，等待時機一到，持續活躍的原子運動會形成一股向外擴張的壓力，剛好與往內收縮的重力互相對抗，一旦兩相平衡，一顆穩定的主序星就此誕生（圖 16.9）。換句話說，主序星是一顆內部有兩種力達到平衡的天體，一種是試圖把恆星盡可能縮小的重力，另一種則是內部氫燃燒所產生的熱氣壓。

主序星階段

在主序星階段，恆星的體積大小與能量釋放的速率都不大會改變。氫氣不斷的轉換為氦氣，所釋放出的能量讓內部氣壓高到足以抗衡重力塌縮。那麼恆星這樣的平衡關係可以維持多久呢？熾熱、質量巨大的藍色恆星，會以飛快的速率輻射能量，只消幾百萬年就會燒盡核心的氫燃料，快速的來到主序星的末期。相反的，嬌小的紅色主序星則要花個幾千億年，才會燒完核心內部的氫，感覺像是與宇宙同壽。我們太陽是介於這兩極端之間的黃色恆星，在主序星階段享壽約 100 億年，才會耗盡核心可燃燒的氫燃料。因為太陽系目前已經 50 億歲了，所以太陽還可以再維持 50 億年穩定的主序星狀態。

恆星的一生有 90% 的時間是處在氫燃燒的主序星階段，一旦恆星核心的氫燃料耗盡，它將會快速演化、走向死亡。除了質量最小的恆星以外，當另一種核反應被引發，而恆星變成紅巨星之後，恆星的末日會延遲一點才到來。

紅巨星

恆星內部的可用氫燃料已燒盡時，恆星的演化就到了紅巨星的階段，留下了富含氦氣的核心。雖然氫融合反應仍然持續在恆星外層作用，但核心已經不會發生任何融合反應了，因此一旦核心缺少了能量來源，就無法產生足夠的氣壓，來支持它抵擋向內的重力，結果，核心開始收縮。

恆星內部的塌縮，讓重力位能轉換為熱，造成溫度快速升高，有些能量會往外輻射，讓外層的氫融合更旺盛。氫燃燒加速作用所產生的額外能量，會讓恆星的外層氣體升溫，並大幅擴張，結果變成一顆擴張的紅巨星，此時恆星會成為原本主序星大小的數百倍，甚至偶爾擴張到數千倍（圖 16.9）。

當恆星擴張時，表面會冷卻，溫度相對低的物體會輻射出較多長波長型式的能量，因此可以解釋為何這樣的恆星呈現紅色。最後恆星的重力會阻止它向外層擴張，重力與氣壓這兩股相反方向的力又會再度取得平衡，恆星得以進入一個相對穩定的狀態，只有體積增大很多。有些紅巨星擴張得有點過頭，超過它的平衡點，因此會像過度拉伸的彈簧一樣反彈回來，這樣的恆星會持續的擴張、收縮，卻永遠無法達到平衡狀態，於是成為變星。

當紅巨星的外層擴張，而核心卻持續塌縮時，內部的溫度最後可達到 1

億 K。在如此驚人的高溫中，核心會熾熱到啟動另一種核反應，也就是 3 個氦融合成一個碳，在此時刻，紅巨星會同時燃燒氫與氦來產生能量。如果恆星的質量大於太陽，則還可能引發其他的熱核反應，結果是生成了週期表上原子序 26（鐵）之前的各個元素。若要經由核反應來產生比鐵還要重的元素，則需要另外的能量來源。

最後，恆星內部所有可用的核燃料都將消耗殆盡，如果以太陽為例，它身為巨星的時間將不到 10 億年，至於質量比太陽更大的恆星將會更快速的度過此階段。一旦燃料用盡，重力會把恆星擠壓成非常小、盡可能緻密的物質。

燃盡與死亡

紅巨星階段之後又發生了什麼事？我們知道一顆恆星，無論其多大多小，最終內部可燒的核燃料必定會有耗盡的一天，此時會因為本身巨大的重力場而塌縮。因為恆星的重力與它的質量有關，所以低質量的恆星會比高質量恆星有著更多元的命運。請把這點記在心裡，因為接下來我們將要根據三類不同質量的恆星，來探討恆星的生命末期。

低質量恆星的死亡

恆星的質量如果比太陽的一半（0.5 個太陽質量）還來得小，它消耗燃料的速率會相當緩慢（圖 16.10A），因此這些小體積的冷紅星會在主序星階段待上 1000 億年以上。因為低質量恆星的內部絕對無法達到足夠的高溫和高壓，來點燃氦融合反應，所以其能量來源僅有氫核融合。因此，低質量的恆星不會演化成擴張的紅巨星，更確切的說，它會在穩定的主星階段停留很久，直到耗盡可用的氫燃料，並塌縮成一顆炙熱、緊密的白矮星為

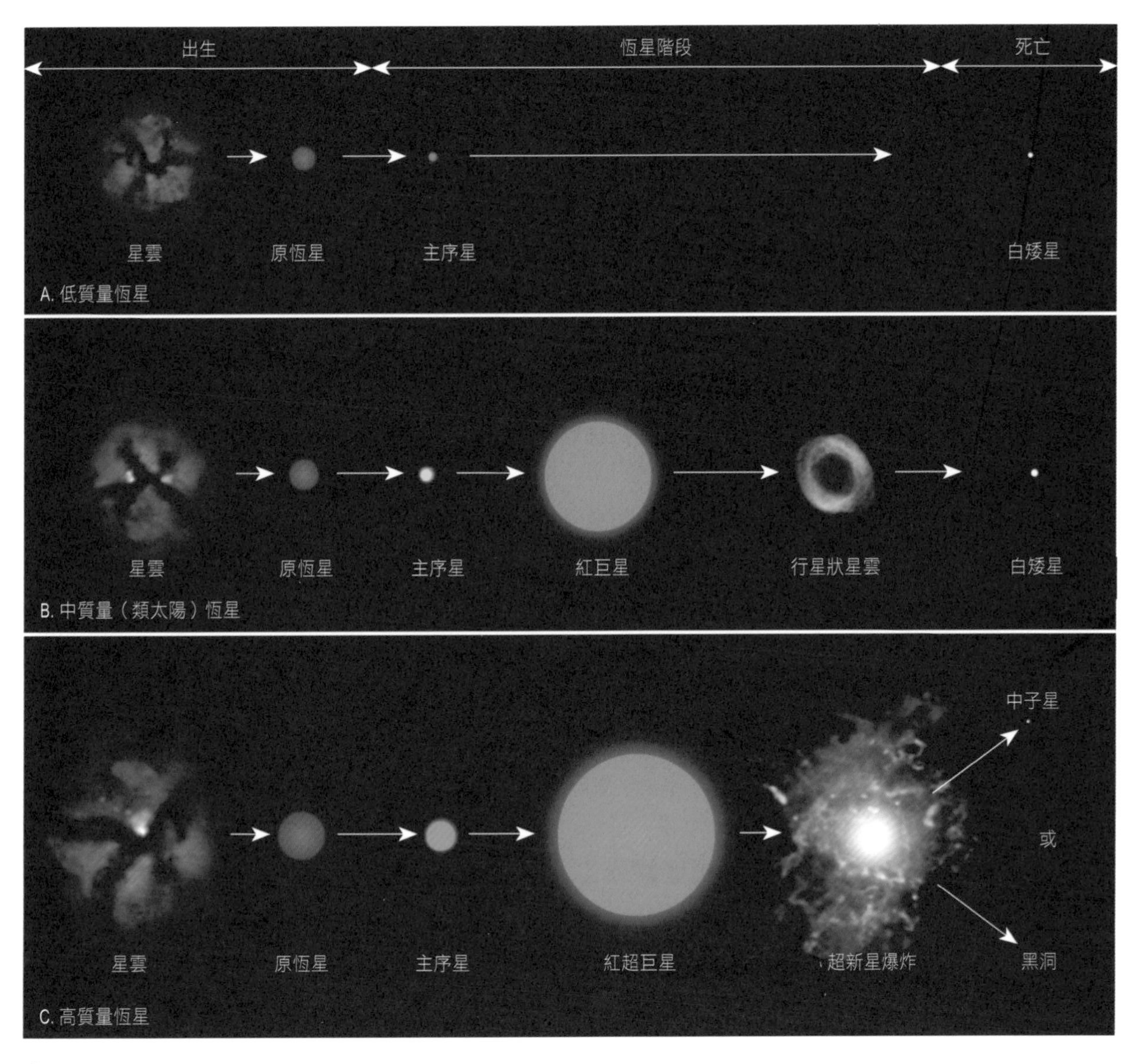

圖16.10　不同質量恆星的演化階段。

止。如同你所看到的，白矮星是一顆很小並緻密的天體，不足以提供氫燃燒反應。

中質量（類太陽）恆星的死亡

所有質量介於 0.5 到 8 個太陽質量的主序星，演化過程基本上都是相同的（圖 16.10B）。在它們的巨星階段，類太陽恆星會加速燃燒內部的氫燃料與氦燃料，一旦這些燃料耗盡，此類恆星（如同低質量恆星）會塌縮成地球般大小的高密度天體——白矮星。重力位能施加在塌縮的白矮星上，讓它的表面具有高熱溫度，因此呈現白色。然而，因為已經沒有核融合的能量來源，且隨著持續輻射熱能到太空中，白矮星會變得愈來愈冷、愈來愈暗。

在從紅巨星塌縮成白矮星的過程中，天文學家相信，中質量的恆星會推開它的外層大氣，而產生一個向外擴張的球形雲氣，中間殘留的炙熱白矮星會加熱這團球形雲氣，使其發光。這種壯麗的、閃爍的球形雲氣，稱為**行星狀星雲**。目前的宇宙中有一個非常典型的行星狀星雲，就是寶瓶座的螺旋星雲（Helix Nebula，圖 16.11）。這個星雲看起來是環狀的，原因在於星雲中間的氣體物質比邊緣部分少，所以當我們的視線穿透時才會看起來是個環狀。不過，實際上它仍然是個球形的結構。

大質量恆星的死亡

相對於類太陽恆星不怎麼劇烈的死亡，質量大於 8 倍太陽質量的恆星，壽命較為短暫，並且是以一場燦爛的*超新星爆炸*（圖 16.10C）終結其生命。在超新星爆炸事件中，它的亮度會突然提高成先前階段的百萬倍；假設地球附近有顆恆星發生了這樣的爆發，那麼爆炸的亮度會超過太陽。

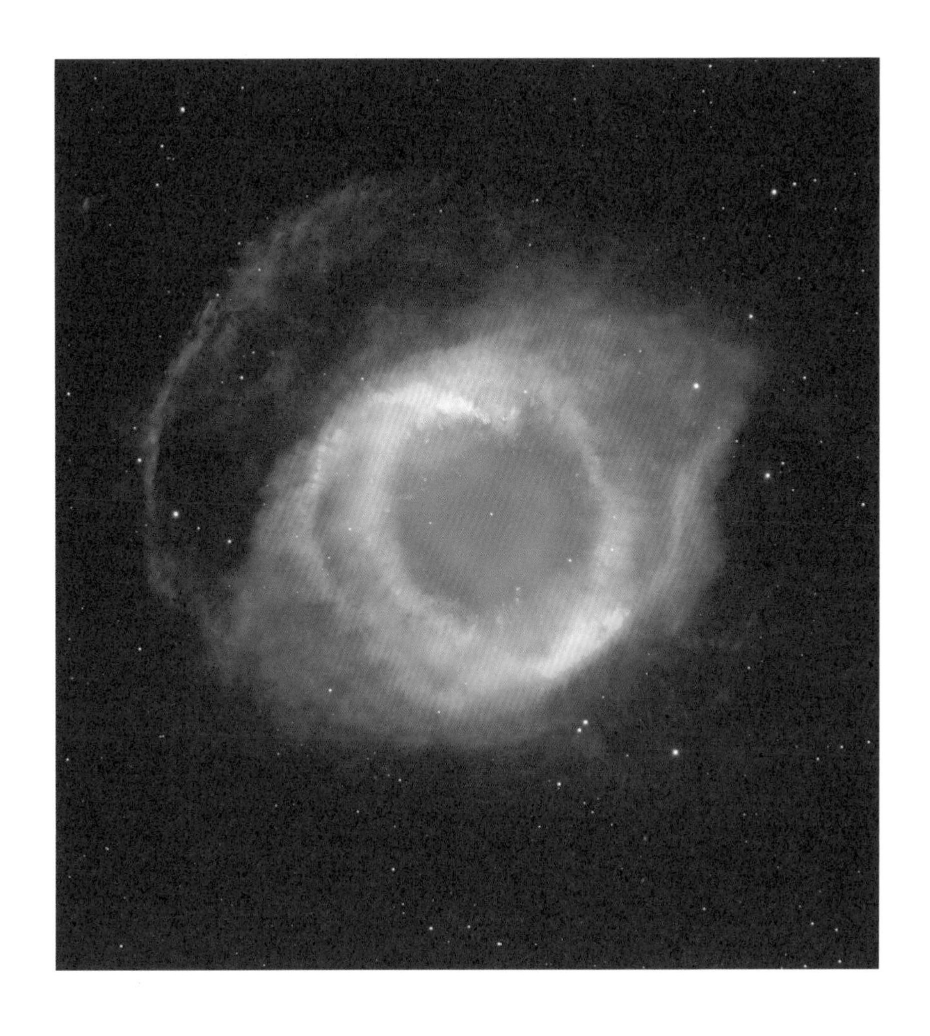

圖16.11　螺旋星雲，最靠近我們太陽系的行星狀星雲。行星狀星雲是一個類太陽恆星從紅巨星要塌縮成白矮星的過程中，所噴出的外層雲氣。（Photo by Stocktrek Images/Thinkstock）

很幸運的，超新星爆炸很少出現，儘管第谷與克卜勒分別都記錄到這樣的爆炸事件（前後相差 30 年），但從發明望遠鏡以來，我們都還沒有在銀河系裡看到過。更早的紀錄則是西元 1054 年中國宋史的記載，直到今日我們仍可看到其爆炸殘骸所形成的蟹狀星雲（Crab Nebula），請見圖 16.12。

圖16.12　位於金牛座的蟹狀星雲：西元1054年一顆超新星爆炸的殘骸。
（Photo by NASA）

超新星事件很有可能是因為大質量恆星耗盡內部大多數核燃料之後引發的，因為缺乏持續的熱源供應來產生足夠氣壓，好抗衡巨大的重力場，所以導致恆星塌縮。這種內爆（implosion）非常慘烈，會產生一股由恆星內部向外的衝擊波，威力強大，把恆星的外層炸開到太空，形成了超新星爆炸事件。

理論上預測，在超新星爆炸的過程中，恆星內部會收縮成一顆非常熱

1604 年之後的 383 年來，第一個被人類用肉眼觀察到的超新星是 1987 年 2 月在南天的星空中發現的。這個恆星爆炸事件被正式命名為 SN 1987A（SN 代表超新星 supernova，1987A 代表的是 1987 年觀察到的第一顆超新星），它位於我們鄰近的大麥哲倫星系內，並不在我們的銀河系內。肉眼可觀察到的超新星很少，歷史上有記載的也不過寥寥幾顆。1006 年，阿拉伯的觀星者曾看到過一顆，中國人也記錄到 1054 年在現今蟹狀星雲位置上有看到一顆。此外，天文學家第谷在 1572 年觀測到一顆超新星，接下來沒有多久，克卜勒就在 1604 年觀測到另外一顆。

你知道嗎？

的天體，直徑可能不會超過 20 公里。這個令人匪夷所思的緻密天體，稱為中子星。天文學家認為，有些超新星事件會製造出更小、更令人迷惑的天體——黑洞。我們將在接下來「恆星殘骸」的篇幅中，再來討論中子星與黑洞的特性。

赫羅圖和恆星演化

赫羅圖對於闡述與分析恆星演化的模型很有幫助，對於解釋每顆恆星在其有生之年的各個階段所發生的變化，也很有用。

圖 16.9 顯示了太陽般大小的恆星在赫羅圖上的演化軌跡，請記住這條路徑並不是表示恆星在太空中會這樣上下移動，而是恆星於不同演化階段在赫羅圖上的位置，代表了恆星的顏色（溫度）與絕對星等（亮度）。

在赫羅圖上，會變成太陽的原恆星位於主序星的右上方（圖 16.9）。它之所以位於右方，是因為它的表面溫度相對較低，呈現紅色；再因為它不斷吸收周圍氣體，表面積較大，所以比其他相同顏色的主序星還要亮，因此位於上方。當它持續收縮，並啟動內部的核反應爐時，表面變熱，因此轉為黃色，但整體光度卻因為表面積減少很多而降低。你應該可以藉著圖16.9，想像一下太陽大小的恆星接下來會經歷怎樣的演化改變。此外，表16.3 則是整理、歸納了不同質量恆星的演化歷程。

表16.3 不同質量恆星的演化概要

主序星的初始質量（太陽=1）*	主序星階段	巨星階段	巨星階段後的演化	最終狀態（最後質量）
0.001	無（行星）	無		行星（0.001）
0.1	紅色	無		白矮星（0.1）
1-3	黃色	有	行星狀星雲	白矮星（<1.4）
8	白色	有	超新星	中子星（1.4-3）
25	藍色	有（超巨星）	超新星	黑洞（>3.0）

* 表中質量的數字是估計值。

恆星殘骸

最終，所有的恆星都會耗盡核燃料，塌縮成三種最終形式中的其中一中——白矮星、中子星、或黑洞。一顆恆星的生命如何結束，以及它會選擇哪種最終型態，都與恆星的質量有很大的關係。一般而言，小或中質量的恆星死亡時並不劇烈，而大質量的恆星則是死得轟轟烈烈。這兩種顯著不同發展之間的分界，大約是 8 倍的太陽質量。

白矮星

一旦小質量或中質量的恆星耗盡內部剩下的熱核燃料時，重力會使它們塌縮成白矮星。這些地球般大小的天體，質量約莫太陽那麼大，因此它們的密度可能有水的百萬倍，這樣的物質只要一湯匙就有好幾公噸重了。如此高的密度，只有在電子從繞著原子核的正常軌道遭到向內擠壓，才有可能形成，具有這樣狀態的物質稱為**簡併物質**。簡併物質中的原子彼此被擠壓得非常緊密，以致於電子被推到非常靠近原子核，此時足以抗衡進一步重力塌縮的是電斥力（電子之間的負負相斥，以及原子核之間的正正相斥），而非分子的熱運動。雖然簡併物質的原子粒子彼此之間比「一般」的物質還要緊密，但它們還不算最緻密的，由更高密度物質組成的恆星目前已知是存在的。

主序星收縮成白矮星時，表面會變得非常炙熱，有時超過 25,000K。即使如此，因為缺少能量來源，它會慢慢變冷、變暗，最後白矮星會成為太空中一顆又小、又冷、又燃燒殆盡的餘燼，我們稱為*黑矮星*。

中子星

白矮星的研究中有一個似乎令人驚奇的結論：體積最小的白矮星，質量最大，體積最大的白矮星，質量最小。針對這個結論的解釋是，質量愈大的恆星，由於具有較大的重力場，所以愈會被擠壓成較小、較緊密的天體。因此，最小的白矮星，比起較大的白矮星，是由體積較大、質量較高的主序星塌縮而來的。

這個結論促使天文學家做出了一個假設：必定會有比白矮星更小、卻更重的天體存在。**中子星**便是其中之一，是超新星爆炸後的產物。在白矮星內部，電子被推到很靠近原子核，然而中子星裡的電子被迫與原子核內的質子結合成中子，因此取名為中子星。如果地球塌縮成中子星的密度的話，地球的直徑會只相當於一個足球場的寬度；若從中取出一顆青豆大小的體積，那麼質量會高達 1 億公噸，差不多是原子核的密度，所以一顆中子星可以視為一個完全由中子組成的巨大原子核。

在超新星內爆的過程中，恆星的外層會噴發出去（圖 16.13），核心會塌縮成一顆非常熾熱的恆星，直徑大約僅有 20 公里。雖然中子星的表面溫度很高，但體積很小，因此大大限制了其光度，所以對我們人類的眼睛而言，幾乎不可能看得到。

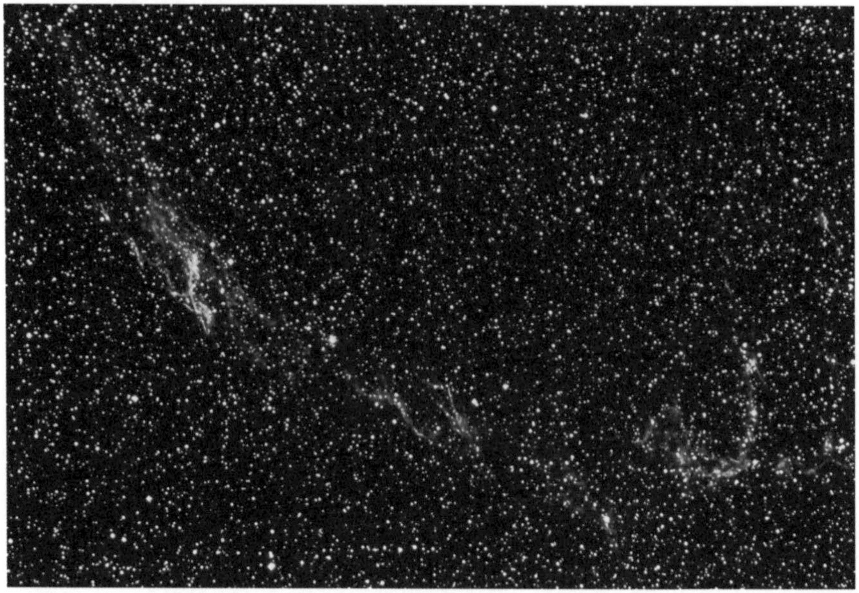

圖16.13 天鵝座的面紗星雲（Veil Nebula），這是古代超新星內爆的殘骸。
（Photo © Getty Images/Comstock Images/Thinkstock）

然而，理論模型預測中子星會有非常強烈的磁場與高速自轉。就如同溜冰選手把手臂內縮的時候，轉速變快一樣，中子星塌縮的時候，轉速也會增加。如果太陽收縮成中子星的話，其自轉速會從現在的 25 天轉一圈，變成每秒鐘將近 1,000 轉。中子星磁場旋轉產生的無線電波，會沿著中子星的磁極而集中在兩個很窄的範圍內。因此中子星就像會發出無線電波、且快速旋轉的無線電信標（radio beacon），如果地球剛好在這些信標的路徑上，那麼當電波掃過的時候，中子星看起來就會一閃一閃的，像脈動一樣規律的閃爍。

在 1970 年代早期，科學家在蟹狀星雲內部，發現有個發射短週期脈衝的無線電波源，稱之為脈衝星（脈衝電波源，或稱為波霎）。當時用眼睛觀察這個無線電波源，顯示它是一顆位於星雲中心的小天體。此顆脈衝星很有可能是 1054 年超新星爆炸遺留的殘骸（請見圖 16.12）。從那時候開始，其他的中子星也陸續被發現。

黑洞

雖然中子星已經非常緊密了，但還不是宇宙中密度最大的天體，恆星演化論預測中子星的質量不可能大於太陽質量的 3 倍，因為超過這個質量的恆星，就算中子排列再緊密，也無法抵擋恆星的重力拉引。若是超新星爆炸之後遺留的恆星核質量超過太陽質量 3 倍的界線，重力會打敗氣壓，贏得最後的勝利，恆星殘骸還會繼續塌縮。（雖然實際的數字不是很明確，但這種恆星在超新星爆炸前的質量，很可能超過太陽質量的 25 倍。）這樣的塌縮所形成的不可思議天體，我們稱之為黑洞。

即使黑洞異常的熾熱，但因為表面重力太大，以致於連光都逃脫不出來，所以它們根本就無法為人所看見。任何太靠近黑洞的物體，都會被它無可抗拒的重力場掃進去，吞沒在漆黑的宇宙中。

如果天體的重力場真的能讓物質和能量都無法逃出魔掌，那麼天文學家又是如何發現它們的呢？理論預測當物質被吸入黑洞的時候，它應該會在被吞沒前變熱，並釋放出大量的 X 射線。因為單獨的黑洞本身並沒有可以吞沒的東西，所以天文學家打算尋找在雙星系統中，物質被快速掃入看似空無一物的區域。

一個很可能是黑洞的候選者是天鵝座 X-1，那是天鵝座裡的一個強烈的 X 光源。科學家偵測到此 X 光源以 5.6 天為週期，圍繞一個伴星紅超巨星打轉，看起來氣體從這個巨大的伴星被拉入一個圍繞著「空洞」的碟型結構中，天文學家認為這個空洞就是一個黑洞（圖 16.14）。物質被吞噬進黑洞的結果是放射出穩定的 X 光束，但是因為 X 光無法有效穿透大氣層，所以並無法確認黑洞的存在，直到軌道觀測台（orbiting observatory，亦即觀測衛星）發明為止。1971 年，衛星上的偵測器首次發現到天鵝座 X-1 有 X 光的存在，不消多久的時間，天鵝座 X-1 就確認為人類所發現的第一個黑洞。

銀河系

在遠離城市光害的晴朗、無月的夜晚，你可以看到很神奇的景象：一條光帶從一端的地平（horizon）橫越天際到另一端的地平。伽利略用他的望遠鏡發現到，這條光帶是由無數顆恆星所組成。今日，我們瞭解太陽也是這個廣大恆星系統中的一員，它就是銀河系（圖 16.15）。

銀河系是一個螺旋星系，擁有大約 1,000 億顆恆星（圖 16.16A），它的銀白光帶是因為太陽系位於這個扁平銀河盤面上的關係，當我們沿著銀河

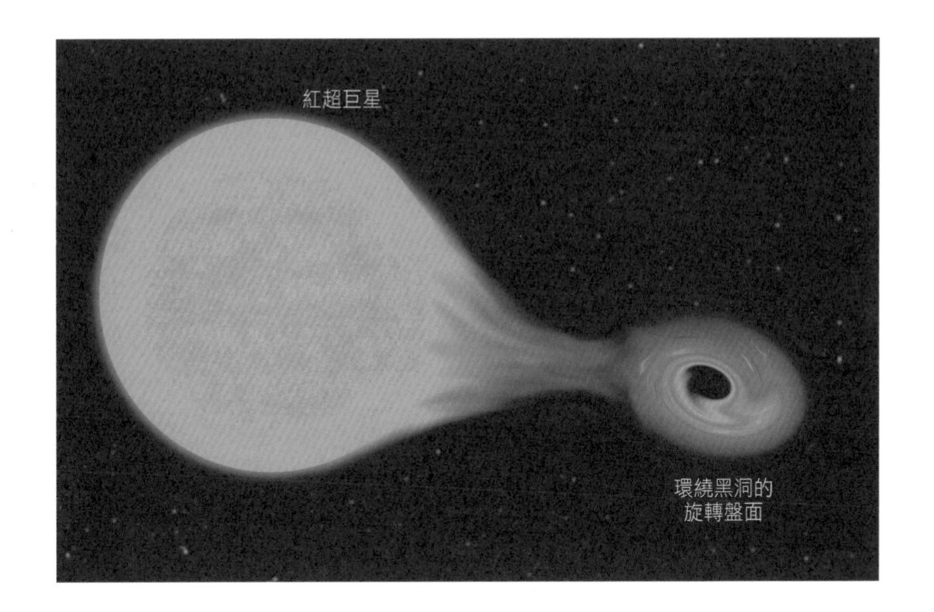

圖16.14　此圖顯示天文學家眼中由紅超巨星和黑洞所組成的雙星系統，彼此間相互作用的模式。

圖16.15　我們銀河系的全景，請注意其中的暗帶是由星際間的暗星雲所造成。（Photo by iStockphoto/Thinkstock）

盤面看的時候，看到的就是一條由無數恆星構成的亮帶，從圖 16.16B 這張從銀河系邊緣看過去的圖片就可以看出來。不過，當我們往銀河盤面以外的方向看出去，就看不到那麼多恆星了。

當天文學家開始用望遠鏡有系統的觀測位於銀河盤面的恆星時，看起來每個方向的恆星似乎一樣多，人們不免懷疑；地球是否真的位於銀河中心呢？結果證明，地球並不是在銀河中心，有個簡單的例子可以說明這個謬誤。想像一下，一片廣大森林裡的樹木，代表了銀河裡的恆星。當我們在森林中步行一小段距離後，你回顧四周，每個方向的樹木看起來都一樣多，就代表你位處於森林的中心嗎？不見得。當你在森林中的任何位置，除非很靠近邊緣，否則四周的景色看起來，都彷彿自己身處森林的中心。我們在銀河中的情況也是如此，順著銀河盤面看出去，到處都是星星。

當我們嘗試用眼睛去觀察銀河時，視線往往會被大量的星際物質所阻擋，然而，有了無線電波的幫助，我們終於可以看到銀河大致的結構。銀河是一個相較之下很大的螺旋星系，其盤面直徑大約 10 萬光年，星系核位置的厚度為 1 萬光年（圖 16.16）。從地球的角度觀測時，銀河的中心是在人馬座的方向。

無線電波望遠鏡也顯示，銀河至少有三條清楚的旋臂（spiral arm，類似圖 16.17），太陽是在其中一條旋臂上，大約位在從中心算起三分之二個旋臂的地方，換算成距離大約 3 萬光年。銀河旋臂上的恆星是繞著星系核旋轉的，愈在外圍的恆星移動愈慢，因此旋臂的尾端才會看起來像是被拖曳的樣子。太陽繞著銀河中心旋轉，大約要花 2 億年才能轉一圈。

環繞銀河盤面的是一個幾乎球型的暈（halo），是由非常稀薄的氣體與球狀星團組成的。這些球狀星團沒有參與旋臂的旋轉，而是有自己繞行銀河中心的軌道，會穿越過銀河盤面。雖然有的星團很密集，但是當它們在銀河旋臂裡穿越點點繁星的時候，仍有足夠的空間讓彼此擦身而過。

圖16.16　銀河系的可見部分之結構。

圖16.17　如果能到銀河外，遠距離來拍攝，銀河看起來可能就會像NGC 2997螺旋星系這樣。
（Photo by ESO）

一般星系

在 1700 年代中期，德國的哲學家康德（Immanuel Kant, 1724-1804）提出一個想法，認為透過望遠鏡所看到散布在恆星之間的模糊光點，其實應該是像我們銀河系一樣，但距離非常遙遠的星系。康德將之描述為島宇宙（island universes），他相信每個星系都有數十億顆恆星，本身就是一個宇宙。然而，這種觀念可說是不合時宜，因為當時的人寧願支持一個假說：這些光點是我們星系中的灰塵和雲氣（星雲）。因為當時的人們認為地球在宇宙中占有特殊與優越的地位，如果承認有其他星系存在的話，地球在宇宙中的地位，又不曉得要跌到哪裡，更不用說人類了！

一直要到 1920 年代，美國天文學家哈伯（Edwin Hubble, 1889-1953）從一堆模糊的光點（仙女座星雲）中，定位出一些目前已知本質上非常明亮的獨特恆星，此問題才獲得了解決。因為這些非常亮的天體，透過望遠鏡觀察後卻顯得相當晦暗，所以哈伯推論，這些光點必定位於我們銀河系之外。現在已知哈伯觀測到的模糊光點，距離我們 200 萬光年之遠，並已命名為仙女座星系（圖 16.18）。

哈伯的發現把宇宙向外擴張到超過人類能想像的極限，目前已知宇宙內含千億個星系，每個星系內又有千億顆恆星。曾有人說單是北斗七星的勺子範圍內，就可以找到 100 萬個星系。事實上，天空中的繁星比地球上所有沙灘上的沙粒加起來還要多！

圖16.18　仙女座星系，一個巨大的螺旋星系。有一個橢圓的矮星系位於它的右方。（Photo by NASA）

星系的種類

在千億個星系當中，科學家已確認出*一般星系*有三種基本類型：螺旋星系、橢圓星系、不規則星系。此外，宇宙中還散布著少數與一般星系非常不一樣的星系，這些非常明亮的天體統稱為*活躍星系*。

螺旋星系

我們的銀河系與仙女座星系都屬於大型的螺旋星系（仙女座是肉眼就可見的 5 等星模糊天體）。螺旋星系通常都比較大，直徑範圍從 2 萬光年到 12 萬 5 千光年。典型的螺旋星系是盤狀結構，在星系核附近聚集較多恆星，不過變化也很多種。從側面看來，旋臂通常從星系核向外伸展，然後很優雅的延伸出去。位於旋臂最外圍的恆星，繞行的速度最慢，使星系的外觀看起來像是輪轉般的煙火（圖 16.19）。

然而，有一種螺旋星系，其恆星排列起來如棒狀，以剛體系統旋轉。如此需要外層的恆星轉得比內層恆星快，但是這一點並不容易以運動定律來解釋。接在棒的兩端的，則是彎曲的旋臂，如今我們稱這類星系為棒狀旋星系（圖 16.20）。目前已知所有星系中，約有 10% 被認為是棒狀旋星系，20% 是一般的螺旋星系——我們的銀河系正是其中之一。

A.

B.

圖16.19 說明螺旋星系完美結構的兩種景象。
A. 螺旋星系梅西爾81（Messier 81, M81）。
B. 哈伯太空望遠鏡從側面拍攝到的一個螺旋星系。
（Photos by NASA）

圖16.20　棒狀旋星系。
（Photo by NASA）

橢圓星系

數量最多的一類星系當屬橢圓星系，占了全部的 60%。橢圓星系通常比螺旋星系小，事實上，有些小到讓科學家稱之為*矮星系*。由於這些矮星系太小了，距離很遠的時候就看不到了，因此以眼睛觀測星空的結果，以明顯的大型螺旋星系居多。然而，如果仔細觀測宇宙中任何空間與角落的星系，則會發現橢圓星系才是數目最多的。

雖然大部分的橢圓星系都比較小，但目前已知一些最大的星系（直徑 20 萬光年）也是橢圓星系。正如其名，橢圓星系外觀是橢圓型的，近乎球狀，沒有旋臂。圖 16.18 仙女座星系的伴星系就是一個橢圓狀的矮星系。

不規則星系

在已知的星系當中，只有 10% 看不到對稱的結構，天文學家把它們分類為**不規則星系**。其中最有名的是在南天球的大麥哲倫雲（Large Magellanic Cloud）與小麥哲倫雲（Small Magellanic Cloud），用肉眼就很容易可以看到它們。這是葡萄牙探險家麥哲倫（Ferdinand Magellan, 1480-1521）在 1520 年環繞地球航行時所發現的，它們是距離我們銀河最近的星系，僅有 15 萬光年遠。

不同類型的星系之間最主要的差異之一，在於組成恆星的年齡。組成不規則星系的恆星大部分都很年輕，橢圓星系的恆星年齡最老。銀河系和其他螺旋星系同時擁有年輕與年老的恆星，較年輕的恆星多位於旋臂上。

星系團

一旦天文學家發現恆星是成群結隊在一起（星系）之後，便著手去瞭解星系是否也是彼此聚集，或只是在宇宙中任意散布。現在發現星系會組合成團（圖 16.21），有些大型的星系團包含了上千個星系。我們的銀河系屬於本星系群，包含了至少 28 個星系，其中 3 個是螺旋星系，11 個是不規則星系，14 個是橢圓星系。星系團又位於更大的天體系統中，稱為*超星系團*。就視覺觀測的結果而言，超星系團應該是宇宙中最大的系統。

大霹靂和宇宙的命運

宇宙不只是灰塵雲氣、恆星、星際殘骸與星系的集合，它有自己的本質，帶有自己的特性。宇宙學是科學的一支，專門研究宇宙的特性，而宇宙學家也發展出一個綜合的理論來探討宇宙的本質。他們嘗試用宇宙論來回答如下的問題：宇宙有起點嗎？如果有，那是怎麼開始的？宇宙是如何演化成目前的樣貌？花了多久的時間？宇宙還能維持多久呢？

圖16.21　距離地球大約10億光年的星系團。（Courtesy of NASA）

許多文化都曾提出過這些基本問題，只是問題的型式可能不同。

現代宇宙學不僅提出這些重要的議題，還建構理論，以幫助我們理解自身所居住的宇宙。目前僅有一個讓多數的科學家嚴謹看待的理論，描述了宇宙的出生和現在的狀態，那就是大霹靂理論。接下來我們要探討一些導引出大霹靂理論的證據，其中一個是目前已印證的預測，支持了大霹靂的論點，另一個目前還在接受測試的論述，也暗示大霹靂理論的可行性。

正在擴張的宇宙

在我們討論宇宙擴張的證據之前，必須先談一下天文學家是如何計算出宇宙中的相對運動。在地球上，你可以因為物體逐漸變大而看出它正在靠近，或者正在遠離時逐漸變小。但宇宙中大部分的天體都非常的遠，所以看起來的大小從未改變過，因此，天文學家是從天體所發射出的光波長變化，來判斷它們的相對運動。

類似的原理可從聲波來理解。你或許注意到警笛大鳴的救護車在飛奔而過時音調的變化；當救護車接近時，音調似乎比站在它旁邊時聽到的要高，當它遠離的時候，音調似乎比較低。這種效應適用於所有波的運動，包括聲波與光波，是由奧地利物理學家都卜勒（Christian Doppler, 1803-1853）在 1842 年首次提出的，因此稱為*都卜勒效應*。音調高低差異的原因在於波的發射需要時間，假設波源正在遠離，最前面的波發射時距離你比較近，最後面的波發射出來時，離你最遠，所以波像是被拉開一般，波長因此變長（圖 16.22），頻率就變低；對於正在接近的波源，波長則像被壓縮一般，頻率則變高。

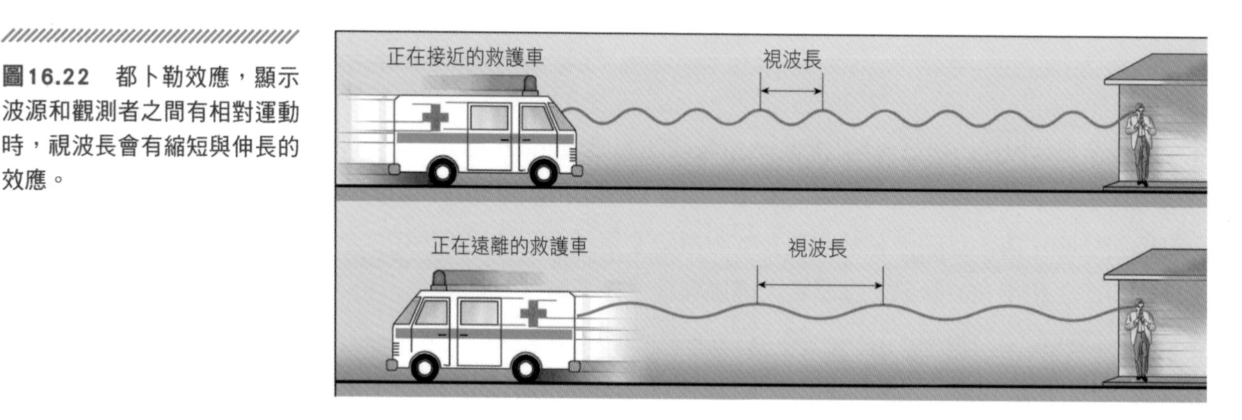

圖16.22 都卜勒效應，顯示波源和觀測者之間有相對運動時，視波長會有縮短與伸長的效應。

以光為例子，當光源遠離，我們看到的光比最初發射出來的光具有較低的能量（往光譜的紅色端移動），這是因為發射出來的光波波長變長了；反之，當天體接近的時候，波長變短（往光譜的藍色端移動）。因此，用都卜勒效應就可揭露出天體相對於地球是接近還是遠離。此外，波長變化的量也可以換算出天體與地球間的相對速度；大的都卜勒頻移（Doppler shift）代表了高速，小的都卜勒頻移代表了低速。

近代天文最重要的發現之一，是 1929 年哈伯的貢獻。哈伯藉由早年所蒐集到的觀測資料，指出幾乎所有的星系都有朝向光譜紅色端的都卜勒頻移，這種紅移（red shift）現象的發生是因為光波被「拉長」了，意味這些天體正在遠離地球而去（在本星系群的星系例外）。於是哈伯開始去思考普遍的紅移現象在宇宙中所代表的意義。

哈伯知道愈晦暗的星系，比起比較明亮的星系，可能距離更遠，然後他嘗試確認星系距離與紅移的關係。藉著星系的亮度所估計出來的距離，哈伯發現星系的紅移會隨著它與地球的距離增加而變大，而且最遠的星系會遠離得最快，速率之快難以估計。這個觀念現在稱為**哈伯定律**，陳述的就是星系遠離的速率與其距離成正比。

哈伯對於這個發現感到很驚訝，因為這意味著最遠方的星系遠離我們的速率，比鄰近的星系還要快很多倍。在當時，傳統的觀念認為宇宙是不會變的，它從以前到現在都是以同樣的面貌存在著，並且會持續存在，幾乎沒什麼變化，永無止盡。什麼樣的宇宙理論才能解釋哈伯的發現呢？不用多久科學家就瞭解到，一個擴張的宇宙才能充分說明觀測到的紅移現象。宇宙擴張論描述的是兩個相距很遠的天體（比方說地球和本星系群之外的天體那麼遠）之間，會持續創造出新的空間。

為了幫助你想像擴張宇宙的本質，我們將使用一個很普遍的比喻來說明。想像一下有一坨葡萄乾麵包的生麵糰，已經開始發酵幾個小時了（圖

16.23)，然後把葡萄乾想成是星系，麵糰則是太空。當麵糰長成兩倍大，所有葡萄乾之間的距離也都加倍，此外原本相距愈遠的葡萄乾，在相同時間內所移動的距離，會比相近的葡萄乾還要大。藉由這個例子，我們可以做出結論，在擴張的宇宙中，相距愈遠的天體，彼此遠離的速率愈快。

葡萄乾麵包的比擬，還可以用來說明擴張宇宙的另一個特點。無論你選擇哪個葡萄乾，麵糰發酵時，它都會遠離其他所有的葡萄乾。同樣的，不論你是位於宇宙中的哪個位置，其他所有的星系（除了相同星系團當中的）都是遠離你而去的。哈伯的發現改變了我們對宇宙的理解，後人為了尊敬他，以他的姓氏來命名哈伯太空望遠鏡。

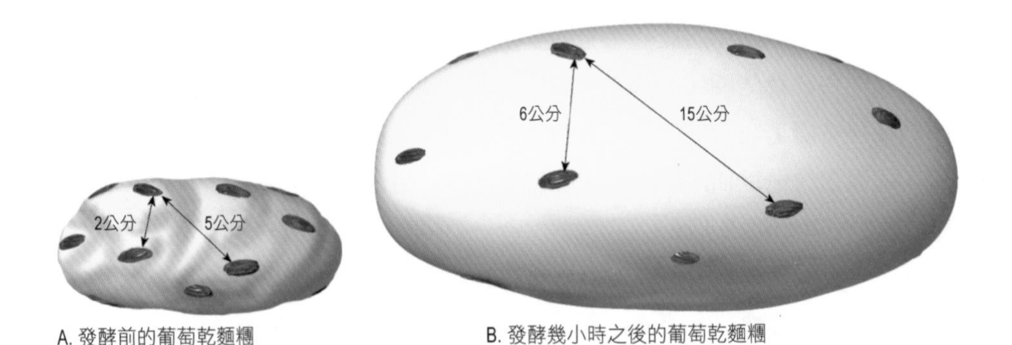

A. 發酵前的葡萄乾麵糰

B. 發酵幾小時之後的葡萄乾麵糰

圖16.23 用葡萄乾麵包來比擬擴張的宇宙。當麵糰發酵的時候，原本相距較遠的葡萄乾會比相距較近的葡萄乾，在相同的時間內移動更大的距離。因此原本相距較遠的葡萄乾（把葡萄乾比做均勻擴張宇宙中的星系）會比近距離的葡萄乾，具有更快的遠離速率。

宇宙的起源

任何關於宇宙起源的可行理論，最基本也最重要的，是必須能說明所有星系都正在遠離我們的這個事實。這種觀察是把我們的行星放在宇宙的中心嗎？未必如此。既然所有的星系團都和其他的所有星系團彼此遠離，那麼宇宙中的每個點看來都會像是宇宙的中心，就好像森林中的每個點看起來都像是森林的中心一樣。此外，如果我們不是在太陽系或銀河系的中心，那麼也就不太可能會位在宇宙的中心。因此，比較可能的解釋是：宇宙正在擴張。如果宇宙正在擴張，則每個星系和其他的星系之間就會是互相遠離的。

宇宙擴張的概念引導出今日廣為人接受的**大霹靂理論**。根據此理論，整個宇宙曾經被禁錮在一個很緻密、極酷熱、質量超級大的一個點上，然後，大約在 140 億年前，一個開天闢地的超級大爆炸發生了，宇宙開始向周遭所有方向擴張。大霹靂標誌了宇宙的起點，宇宙中的每個東西都在此一瞬間創造出來。後來，有些能量轉換成物質，然後冷卻、凝聚，形成了恆星，組成了我們現在所觀察到的、正遠離宇宙起點的星系。

一個好的科學理論所做的預測是可以被檢驗的。大霹靂理論的其中一個預測是，如果時間一開始真的發生了超級大爆炸，那麼我們應該可以偵測到它的餘暉才對。雖然大霹靂瞬間釋放的光能量很高、波長很短，但擴張的宇宙應該會把光波波長拉伸，以致於我們到今天仍可「看到」長波長的無線電波。1965 年時，有人偵測到整個可見的宇宙中布滿這種波段的輻射，符合了上述的預測，因此，絕大多數的宇宙學家都把這個現象視為大霹靂理論的強烈證據。

你知道嗎？

「大霹靂」一詞最早是由英國宇宙學家霍耶（Fred Hoyle, 1915-2001）創造出來的，但當初卻是針對此理論的可信度所做的諷刺評論。大霹靂理論提出的論點是，宇宙由一個劇烈的大爆炸開始，從那之後宇宙持續擴張、演化、冷卻。經過幾十年的實驗和觀測，科學家已經收集到許多實質的證據來支持這個理論。儘管如此，大霹靂也跟很多其他的科學理論一樣，永遠無法百分之百證實，而且有一種可能性永遠存在，那就是未來的觀測有朝一日可能將否定掉先前廣為接受的理論。然而，大霹靂已經取代了過去曾經提出的所有理論，仍是目前對於宇宙起源唯一廣為接受的科學模型。

宇宙的終點

如果宇宙是從大霹靂開始的，那麼它將會如何結束呢？有一個可能的情形是宇宙會一直擴張下去，按照這個劇本，恆星會慢慢燒盡，取而代之的是看不見的簡併物質與黑洞，穿過無垠、黑暗與冰冷的宇宙，向外移動。另一個可能性是擴張外散的星系因為重力吸引的關係，速度愈來愈慢，最後停止，然後重力收縮回來，最後造成星系碰撞，結合成高能、高密度的物質（回到大霹靂的起點，然後宇宙重生、再度開始下一個輪迴）。宇宙這樣劇烈的死亡，是大霹靂爆炸的反演過程，雖然並未形成理論，但已被命名為「大崩墜」。

宇宙是否會一直擴張下去，或者最終會收縮回來，關鍵在於其平均密度。如果宇宙的平均密度超過它的*臨界密度*（大約是每立方公尺有一個原子），則重力的吸引足以讓擴張停止，造成宇宙收縮。另一方面，如果宇宙的平均密度小於這個臨界值，宇宙會永遠擴張下去。目前對於宇宙密度的估計，是低於臨界密度，因此預言宇宙將會繼續擴張，或稱為開放宇宙。其他支持開放宇宙論點的研究也顯示，今日宇宙擴張的速率比過去快，因此，目前大多數宇宙學家的觀點都偏向宇宙的擴張沒有終點。

然而，目前用來決定宇宙密度的方法仍有實質上的不確定性。例如過去沒有偵測到的物質（暗物質），也有可能大量存在於宇宙中。暗物質聽起來很神祕，還有點邪門，但這個名詞的意義只是表示可能有物質在那裡，不過沒有發出可被偵測到的電磁波。

還記得我們曾經探討過，幾乎所有我們對宇宙的認識都來自於光，如果一個物質不會產生光，也不會與光發生作用，我們則無法「看到」它，因此就是暗的。然而也不是所有暗物質我們都沒有注意到，暗物質有可能藉由與我們熟悉的物質產生重力作用而透露它們的存在，很多天文學家目前正在尋找的就是這些交互作用。事實上，如果宇宙中有足夠多的暗物質，宇宙可能會在一場大崩墜中塌縮。天文學家尋找暗物質的過程，猶如以下這句話值得玩味：「缺少證據，不代表沒有證據。」（Absence of evidence is not evidence of absence.）

■ 恆星視差是一個用來測量恆星距離的方法，這是藉由地球在公轉軌道上的運行，量度出鄰近恆星在背景恆星中的視角來回變化。較遠的恆星，其視差較小。用來表達恆星距離的單位是光年，意思是光跑了 1 年的距離，大約是 9 兆 5 千億公里。

■ 恆星的本質上的特性包括了亮度、顏色、溫度、質量和大小。有三個因素會影響到從地球上觀測到恆星的亮度：恆星體積、恆星溫度、以及距離遠近。星等是用以度量恆星亮度的單位，視星等代表從地球上看到的恆星有多亮，絕對星等是假設恆星距離我們標準距離 32.6 光年遠的「真實」亮度，這兩個數值的差異是直接由恆星距離造成的。顏色代表了恆星的溫度，極熱的恆星（表面溫度在 30,000K 以上）呈現藍色，紅色恆星的溫度則低很多（表面溫度通常低於 3,000K）；恆星溫度如果在 5,000 到 6,000K 之間則是黃色，例如我們的太陽。旋轉雙星（兩顆恆星因為彼此之間的重力吸引而圍繞共同的中心打轉）的質心，可用來判斷雙星系統中個別的恆星質量。

■ 變星的亮度會改變。有些被稱為脈動變星，亮度會因為體積的擴張與收縮而規律改變。當一顆恆星亮度爆發性的增加，則稱為新星，爆發時恆星的外層會高速的噴發，在幾天內它達到最大亮度，然後大約經過一年的時間，慢慢的又恢復成原本的亮度。

- 赫羅圖是根據恆星的絕對星等與溫度所繪製而成的。關於恆星的大小，可以從赫羅圖瞭解得很充分。在赫羅圖右上角位置的恆星稱為巨星，是半徑很大的亮星，超巨星是半徑更大的恆星。赫羅圖的中間偏下是嬌小的白矮星的位置。有 90% 的恆星都坐落在赫羅圖從左上到右下的帶狀區塊上，稱為主序星。

- 恆星是從星際間大量的灰塵和雲氣（稱為星雲）中成形、誕生的。一個亮星雲會發光，是因為這些物質靠近一顆非常炙熱（藍色）恆星的關係。亮星雲可分為兩類，一是發射星雲（這是從星雲中或附近的恆星，吸收紫外光後因螢光作用而發出可見光所造成的），另一是反射星雲（這是星際空間中，較濃密的塵埃星雲，在附近的恆星照射下反光而成的）。如果一個星雲附近沒有明亮的恆星照耀，就會成為暗星雲。

- 在星雲塌縮的過程當中，恆星核心的壓力和溫度都會升高到難以想像的程度，最後點燃了內部的核融合反應，一顆恆星就此誕生。恆星初生之時，溫度還不足以高到引發核融合反應，此時稱為原恆星。當原恆星的溫度達到 1,000 萬 K 時，核心開始進行氫的核融合反應，把 4 個氫核融合成一個氦核，此作用稱為氫燃燒。此時恆星有兩種力量互相對抗，一個是重力想要收縮，另一個是氣壓（熱核能）想要擴張。當這兩種力平衡之時，恆星會是一顆穩定的主序星，然而當核心的氫燒完了，其外圍會劇烈擴張，形成一顆紅巨星，比原本的主序星要大上幾百到幾千倍。當巨星裡的所有可燒的核燃料都耗盡之後，重力完全接管，恆星殘骸會塌縮成一個很小、緻密的天體。

- 恆星最後的命運由其質量決定。如果恆星的質量小於太陽的一半，則會收縮成一顆炙熱、緊密的白矮星。如太陽一般中型質量的恆星則會變成紅巨星，然後核心塌縮，以白矮星收場，而且白矮星的周圍通常會有一圈擴張、發光的球形雲氣，我們稱為行星狀星雲。大質量的恆星最後則會來個閃耀的爆炸，稱為超新星，其殘骸會在中心形成一個更嬌小、極為緻密的中子星，整顆星幾乎是由次原子粒子（中子）所組成。如果重力更大，則會形成一個更小、更緻密的黑洞，重力如此大的天體，連光線都無法從其表面逃脫出來。

- 銀河系是一個巨大的、圓盤形的螺旋星系，直徑大約有 10 萬光年，中心厚度大約是 1 萬光年。銀河有三個明顯的旋臂，有的看起來有點支離破碎。太陽位於其中一個旋臂上，距離銀河中心大約三分之二個旋臂的位置，換算成距離則是 3 萬光年。圍繞銀河盤面的是一個近乎球形的暈，由非常稀薄的氣體與許多球狀星團（恆星緊密聚在一起、近乎球形的幾團恆星群）所組成。

- 星系依照外形分成幾種不同類型：（1）不規則星系：缺少對稱，已知星系當中約有 10% 屬於此類；（2）螺旋星系：典型是圓盤狀，星系核附近聚集較多恆星，通常會有旋臂從星系核延伸出去；（3）橢圓星系：數量最多的星系，近乎球形的橢圓球狀，沒有旋臂。

- 星系並不是在宇宙中隨意散布，它們會組合成星系團，有些包含了幾千個星系。我們自己的銀河屬於本星系群，內含至少 28 個星系。

- 藉由都卜勒效應（波源和觀測者之間的相對運動造成波長的視變化）來分析星系的光，可以計算出星系與地球的相對運動。大多數星系的都卜勒頻移都朝向光譜的紅色端，意味著它們正遠離我們而去，而都卜勒頻移的量，與天體的速度有關。因為最遙遠的星系具有最大的紅移，因此哈伯在 1920 年代晚期就做出結論，遙遠星系遠離我們的速度比鄰近星系遠離我們的速度還要快。沒有多久，科學家就瞭解到，一個擴張的宇宙才得以適切的說明我們所觀測到的紅移現象。

- 由於對宇宙正在擴張的理解，促成了廣為大眾所接受的大霹靂理論。根據此理論，整個宇宙一開始是個密度極大、溫度極高、質量驚人的狀態，大約在 140 億年前，一個開天闢地的大爆炸把此它朝四面八方炸散，物質和空間於焉形成。最後這些飛散出去的氣團逐漸冷卻、凝聚，形成了目前我們所看到的、仍在遠離宇宙起始點的恆星系統。

大霹靂理論 big bang theory 有關宇宙起源的理論，認為宇宙是從一個極密、極熱、質量極大的點上爆炸而來的。

不規則星系 irregular galaxy 外型上缺乏對稱的星系。

中子星 neutron star 一種密度非常高的恆星，幾乎全是由中子組成。

反射星雲 reflection nebula 在星際太空間，被附近星光所照亮、相對較為濃密的灰塵雲氣。

主序星 main-sequence star 赫羅圖上的一系列恆星，包含了絕大部分的恆星，在赫羅圖上的分布是從左上角斜到右下角。

本星系群 Local Group 我們銀河系所隸屬的星系群，內含 20 多個星系。

白矮星 white dwarf 耗盡大部分或所有核心燃料的恆星，塌縮成很小的體積。科學家相信白矮星已經靠近恆星演化的最終階段。

光年 light-year 光走 1 年的距離，大約是 9 兆 5 千億公里。

宇宙學 cosmology 專門研究宇宙特性的科學。

行星狀星雲 planetary nebula 恆星擴張時所形成一圈光亮的外層。

亮星雲 bright nebula 被周圍熾熱恆星的紫外線所激發而放光的雲氣。

哈伯定律 Hubble's law 描述星系距離和其速率的關係：距離地球愈遠的星系，遠離地球的速率愈快。

星系團 galactic cluster 由星系所組成的系統，可包含若干個到幾千個星系成員。

星等 magnitude 用以表示天體相對亮度的數字。

星雲 nebula 星際氣體與（或）灰塵所形成的雲氣。

星際塵埃 interstellar dust 恆星與恆星之間存在的灰塵和雲氣。

紅巨星 red giant 溫度較低的巨大恆星，具有高亮度；位於赫羅圖右上角的恆星。

原恆星 protostar 正在塌縮的灰塵與雲氣，注定會變成一顆恆星。

脈動變星 pulsating variable 恆星藉由星體的變大和縮小，亮度會有規律的變化。

脈衝星 pulsar 會發射規律短週期脈衝的無線電波源，是具有強大磁場且快速旋轉的中子星。

氫燃燒 hydrogen burning 氫經過核融合轉變為氦的過程。

棒狀旋星系 barred spiral galaxy 一種從星系核延伸出直臂的螺旋星系。

發射星雲 emission nebula 一種氣體星雲，從星雲中或附近的恆星吸收紫外光後因螢光作用而發出可見光。

絕對星等 absolute magnitude 假設恆星在離地球 10 秒差距（相當於 32.6 光年）的地方所看到的視亮度。用以比較恆星的真實亮度。

視星等 apparent magnitude 從地球所觀測到的恆星亮度。

視雙星 visual binary 看起來成對的恆星，也就是雙星，但其實相隔很遠。

超巨星 supergiant 亮度非常高的巨大恆星。在赫羅圖上，位於右上方。

超新星 supernova 正在爆炸的恆星，亮度會增加好幾千倍。

黑洞 black hole 一顆巨大恆星塌縮成非常小的體積，使它的重力大到所有的電磁輻射均無法逃離它。

新星 nova 當恆星發生爆發事件的時候，看起來就像一顆恆星突然變亮，猶如一顆新生成的星，因此稱為新星。

暗星雲 dark nebula 一種星際塵埃的雲氣，它會擋住更遠處的星光，看起來好像不透光的帷幔。

赫羅圖 Hertzsprung-Russell (H-R) diagram 根據恆星的絕對星等和表面溫度所繪製的圖形。

橢圓星系 elliptical galaxy　一種外觀為圓形或橢圓形的星系，其中包含了少量的氣體與灰塵，沒有盤面或旋臂，也很少熾熱、明亮的恆星。

螺旋星系 spiral galaxy　扁平、旋轉的星系，具有由星際物質和年輕恆星組成的紙風車形旋臂，從星系核中蜿蜒而出。

簡併物質 degenerate matter　當恆星塌縮成白矮星時，所形成的不可思議的緊密物質（電子被擠壓到非常靠近原子核）。

爆發變星 eruptive variable　最壯觀的一種變星，是恆星發生爆發事件，造成恆星亮度突然改變。

1. 和我們最靠近的恆星——半人馬座比鄰星，距離我們有多少光年呢？並請換算成公里。
2. 確定恆星距離的最基本方法為何？
3. 請解釋恆星的視星等與絕對星等的差異。何者才是恆星的本質特性？
4. 絕對星等 5 與絕對星等 10 的兩顆恆星，哪一顆比較亮？
5. 恆星的顏色可以告訴我們什麼訊息？
6. 最炙熱的恆星是什麼顏色？像太陽一樣中等溫度的恆星呢？最冷的恆星呢？
7. 雙星系統可以判定恆星的哪項特性？
8. 請歸納出主序星的質量與光度之間的關係。
9. 用望遠鏡看恆星，看不出它真正的表面積大小，請解釋天文學家是用何種方法估計出恆星的大小。
10. 恆星的一生維持最久狀態的階段，是在赫羅圖上的哪個位置？
11. 太陽的大小和亮度，與其他主序星相比如何？
12. 星際物質在恆星演化中扮演什麼角色？
13. 請比較亮星雲與暗星雲的差別。

14.主序星的燃料是何種元素？

15.何種因素會使恆星轉變為巨星？

16.即使小質量的恆星燃料少得多，為什麼它們老化得比大質量的恆星還要慢？

17.請列舉類太陽恆星的演化過程包含哪些步驟。

18.一顆低質量（紅色）的主序星，其最後狀態為何？

19.一顆中質量（類太陽）的主序星，其最後狀態為何？

20.質量最大的恆星是如何終結其一生？死亡後有哪兩種可能產物？

21.請描述銀河系的大略結構。

22.請比較星系的三種不同類型。

23.儘管我們看到的星系以螺旋星系居多，但天文學家卻認為橢圓星系的數量多於螺旋星系？請解釋原因。

24.請問哈伯是如何確定仙女座星系是在銀河系之外？

25.請問支持大霹靂理論的證據為何？

閱讀筆記

閱讀筆記

國家圖書館出版品預行編目(CIP)資料

觀念地球科學4 ： 天氣．天文 ／ 呂特根(Frederick K. Lutgens), 塔布克(Edward J. Tarbuck)著 ; 塔沙(Dennis Tasa)繪圖 ; 范賢娟、黃靜雅譯. --第二版. -- 臺北市 : 遠見天下文化, 2018.06
面； 公分. -- (科學天地 ; 510)
譯自： Foundations of earth science, 6th ed.
ISBN 978-986-479-504-8 (平裝)

1.地球科學

350 107009872

科學天地510

觀念地球科學 4

天氣・天文

FOUNDATIONS OF EARTH SCIENCE, 6th Edition

原著／呂特根、塔布克、塔沙
譯者／范賢娟、黃靜雅
科學天地顧問群／林和、牟中原、李國偉、周成功

總編輯／吳佩穎
編輯顧問／林榮崧
責任編輯／林文珠、王季蘭
封面設計／江儀玲
美術編輯／江儀玲、邱意惠

出版者／遠見天下文化出版股份有限公司
創辦人／高希均、王力行
遠見・天下文化・事業群 董事長／高希均
事業群發行人／CEO／王力行
天下文化社長／林天來
天下文化總經理／林芳燕
國際事務開發部兼版權中文總監／潘欣
法律顧問／理律法律事務所陳長文律師
著作權顧問／魏啟翔律師
社址／台北市104松江路93巷1號2樓
讀者服務專線／（02）2662-0012
傳真／（02）2662-0007 2662-0009
電子信箱／cwpc@cwgv.com.tw
直接郵撥帳號／1326703-6號 天下遠見出版股份有限公司
電腦排版／極翔企業有限公司
製版廠／東豪印刷事業有限公司
印刷廠／立龍藝術印刷股份有限公司
裝訂廠／台興印刷裝訂股份有限公司
登記證／局版台業字第2517號
總經銷／大和書報圖書股份有限公司 電話／（02）8990-2588
出版日期／2022年02月22日第二版第3次印行

定價500元　　書號BWS510　　ISBN：978-986-479-504-8

天下文化官網 bookzone.cwgv.com.tw
本書如有缺頁、破損、裝訂錯誤，請寄回本公司調換。
本書謹代表作者言論，不代表本社立場。